Peter Haupt
Mach sie fertig!

Peter Haupt

Mach sie fertig!

Wie Sie endlich Ihre Arbeit schaffen –
anstatt Ihren Bürokram zu managen

Linde
international

Bibliografische Information der Deutschen Nationalbibliothek

Die Deutsche Nationalbibliothek verzeichnet diese Publikation in der Deutschen Nationalbibliografie; detaillierte bibliografische Daten sind im Internet über http://dnb.d-nb.de abrufbar.

ISBN 978-3-7093-0565-2

Umschlag: buero8

1210 Wien, Scheydgasse 24, Tel.: 01/24 630
www.lindeverlag.de
www.lindeverlag.at

Satz: psb, Berlin
Druck: Hans Jentzsch u Co. Ges.m.b.H.
1210 Wien, Scheydgasse 31
1

Für Olga, Sophie und Laura

Inhalt

Montag: Arbeitsstopp 9
- Shiny Goals 9
- Die schwere Bürde des Schutzpanzers 14
- Das tägliche Chaos 16
- Auf Abstand gehen 23
- In Aktion kommen, indem Sie den Gang rausnehmen 28
- Feierabend 39

Dienstag: Woher kommt der Mist eigentlich? 41
- Warum Sie Klarheit brauchen 50
- Volldampf voraus! 58
- Problem-Stammbäume 64
- Feierabend 68

Mittwoch: Universalschlüssel 71
- Unterm Rad 74
- Das Erstschlimmste 77
- Mein Bauch gehört mir! 79
- Der Lösungsdetektor 82
- Feierabend 96

Donnerstag: Nie mehr anders arbeiten 97
- Abkürzungen 100
- Returnschlag 105
- Die Linde im Fichtenwald 108
- Keine Insel 117
- Feierabend 122

Freitag: Alle mit ins Boot! ... 123
Risiken und Nebenwirkungen ... 125
Erste Klippe: Die Macht der Gewohnheit ... 131
Zweite Klippe: Die Anti-Haltung der anderen ... 138
Dritte Klippe: Ungeklärte Erwartungshaltungen ... 145
Vierte Klippe: Die, die nichts Gutes mehr erwarten ... 147
Feierabend – ab ins Wochenende ... 149

Montag: Arbeitsstopp

Shiny Goals

Stellen Sie sich vor: Sie sind auf dem Weg zur Arbeit. Und kommen nicht vorwärts. Schon die zweite Rotphase lang hängen Sie vor derselben Ampel fest. Die Kreuzung ist verstopft. Ganz klar: Hier werden Sie noch eine Weile lang stehen.

Ihre Gedanken wandern zum Workshop am letzten Freitag. „Shiny Goals! Wie Sie Ihre Ziele erreichen – ohne Stress." Ein Feuerwerk. Fünfundzwanzig Leute aus der mittleren Führungsriege in einem großen Konferenzsaal, dazu zwei renommierte Trainer. Das Unternehmen hatte sich die Fortbildung was kosten lassen. Der Workshop war auch echt beeindruckend. Die Animationen waren ausgefallen, die Stimmung war gut, es wurde immer wieder gelacht.

Wie in der Aufwärm-Übung, als Sie auf eine Stellwand Fußball spielen durften und ermuntert wurden, jedes Tor ausgiebig zu bejubeln. Mit hochgerissenen Armen und gegenseitigem Schulterklopfen. „Sehen Sie, so werden Sie sich fühlen, wenn Sie jedes Ihrer Ziele pünktlich erreichen! Wird das nicht großartig?!", rief der Trainer mit sich überschlagender Stimme. Er tanzte geradezu von einem Teilnehmer zum anderen, schaute ihnen ins Gesicht und wisperte eindringlich: „Ja, ja, ich sehe leuchtende Augen bei Ihnen und bei Ihnen und bei Ihnen! Das ist der richtige Spirit, so erreichen Sie jedes Ziel!"

In Gedanken lassen Sie die Gesichter Ihrer Kollegen an sich vorbeiziehen. Ungefähr die Hälfte, würden Sie schätzen, war echt begeistert. Bei der anderen Hälfte spiegelte der Gesichtsausdruck Ihren eigenen Gedanken wieder: „Nettes Unterhaltungsprogramm …"

Die ganze Zeit über kreiste die Frage in Ihrem Kopf: Warum sollte dieser Workshop mehr bringen als die elf davor? Was die Trainer am Freitag zum Thema Zielfokussierung sagten, hörte sich echt toll an. Zumindest im Moment. Als Sie am Samstag die Unterlagen noch mal durchsahen, wurde Ihnen klar: So richtig viel konkreter Inhalt kam dabei nicht rüber. Und das, was rüberkam, hatten Sie alles schon mal gehört.

Ah, es geht weiter. Sie lassen den Motor an. Aber die Autos vor Ihnen setzen sich nur nach und nach in Bewegung. Bis Sie dran sind, ist die Grünphase schon wieder halb rum. 20 Meter schaffen Sie – dann springt die Ampel wieder auf Rot. Also noch eine Runde sinnlos rumstehen und Zeit verheizen. Wie jeden Morgen. Warum kann eigentlich niemand dieses Stoßzeiten-Stau-Problem grundsätzlich lösen?

•••••••••

Es gibt einen blühenden Markt für Zeitmanagement- und Selbstorganisations-Seminare. Den kenne ich recht gut; ich hatte mal eine Phase, in der ich jedes Jahr zwei Dutzend Seminare besucht habe. Praktisch jedes zweite Wochenende eins. In den Anfangsjahren, als ich mein eigenes Software-Unternehmen hochgezogen habe, hatte ich so viel um die Ohren, dass mir jede Idee willkommen war, wie ich mich besser organisieren kann. Die ersten haben mir auch noch echt was gebracht. Aber der Nutzen wurde mit jedem Seminar weniger. So wahnsinnig viel gibt es zum Thema Zeitmanagement und Selbstorganisation gar nicht zu sagen. Logisch, dass sich die Inhalte der Seminare überschneiden. Sie haben eine Tendenz zur Selbstähnlichkeit. Nur die Verpackung, die fällt jedes Mal ein bisschen anders aus. Es hat eine Weile gedauert, bis ich das gemerkt habe.

Vielleicht haben Sie das ja tatsächlich auch schon erlebt? Haben Sie sich gefragt, ob Sie überkritisch sind? Sind Sie nicht. Was ich beobachtet habe: Diese Seminare sind meistens ganz toll – im Moment. Sie wecken bei den Teilnehmern Begeisterung, Energie, ein „Jetzt wird alles anders"-Gefühl.

Das hat ungefähr die Halbwertszeit von Neujahrsvorsätzen. Die Energie ist meist schnell verpufft. Die Wirkung von solchen Seminaren ist alles andere als nachhaltig. Zuerst habe ich dafür die Schuld bei mir selbst gesucht. Mir vorgeworfen, dass ich nicht genügend Disziplin aufgebracht habe, um meine Gewohnheiten zu verändern. Um das Gelernte richtig umzusetzen.

Aber dann ist mir aufgefallen: So arg viel konkrete Umsetzungstipps gab es in den Seminaren gar nicht. Prinzipien werden verkündet, große Versprechungen gemacht, Motivation und Begeisterung geschaffen. Das ja. Aber was das jetzt konkret für meinen Arbeitsalltag bedeutet? Fehlanzeige. Na ja, wenigstens war das Essen in der Regel gut. Ein Zeitmanagement-Workshop, der reine Zeitvergeudung ist. Eigentlich pervers …

„Those who can, do. Those who can't, teach", das ist so ein Frustspruch von enttäuschten Seminarteilnehmern. Aber eigentlich ist es gar nicht so, dass die Seminarleiter ihr Metier nicht beherrschen. Im Gegenteil, sie beherrschen es sogar sehr gut. Nur sind ihre Interessen etwas andere als die der Teilnehmer. Für die Trainer ist das Wichtigste, dass sie weiterempfohlen werden, damit sie neue Kunden gewinnen. Zu diesem Zweck müssen sie es schaffen, dass die Seminarteilnehmer am Abend, wenn sie nach Hause gehen, begeistert sind. Und vielleicht noch ein, zwei Tage länger. So lange, bis sie ihre Bewertung abgegeben haben. Den Feedbackbogen ausgefüllt und der Unternehmensleitung gezeigt. Ein Statement für die Website des Trainerteams geschrieben. Wenn das Feedback begeistert ausfällt, hat das Seminar für den Leiter seine Funktion erfüllt. Für den Teilnehmer nicht unbedingt. Aber bis er das merkt, hat er seine Bewertung schon abgegeben. Nachhaltige Wirkung ist für den Seminarleiter nur ein optionaler Bonus.

Bücher haben gegenüber den Seminaren einen Vorteil: Sie können sie zuklappen, sobald Sie merken: Das bringt nichts! Um aus einem Seminar rauszulaufen muss man eine deutlich höhere Hemmschwelle überwinden. Erstens ist es ein Affront gegen die Trainer und die übrigen Teilnehmer. Zweitens müssen Sie dafür eingestehen, dass Sie oder jemand anderes eine Menge Zeit und Geld umsonst investiert haben. Das fällt schwer.

Aber warum überhaupt erst hingehen? Ich bin sicher nicht der Erste, dem auffällt, dass ab einem gewissen Kenntnisstand viele Seminare nichts mehr bringen. Das merken die meisten Führungskräfte und Mitarbeiter, die regelmäßig von ihrer Firma zu Fortbildungen verdonnert werden. Warum gibt es dann noch einen Kundenkreis?

Ich denke: Weil der Bedarf nach wie vor da ist. Weil diese Seminare ein Problem zu lösen versprechen, das den Unternehmen richtig wehtut: Ziele, die erreichbar schienen, werden dann doch nicht erreicht. Nicht nur ab und zu aufgrund eines Zusammentreffens mehrerer unglücklicher Umstände, sondern immer und immer wieder.

Irgendetwas hält Mitarbeiter und Führungskräfte systematisch davon ab, ihre Ziele zu erreichen. Statt sich um ihre eigentlichen Aufgaben, ihre eigentlichen Ziele zu kümmern, müssen sie ihre Zeit mit weniger Wichtigem verbringen. Ich vermute, dass Ihnen im Grunde schon klar ist, was dieses weniger Wichtige ist. Sonst hätten Sie dieses Buch nicht gekauft. Sie sehen, dass sich zwischen Sie und die Erreichung Ihrer Zielsetzungen so etwas aufgebaut hat wie eine undurchdringliche Mauer. Was Sie brauchen, ist ein Schlüssel, mit dem Sie die unsichtbare Türe in der Mauer finden und öffnen können.

Meiner Überzeugung nach brauchen Sie sogar mehrere Schlüssel. Denn die Mauer ist durch ein verflixtes Mehrfachschloss gesichert, das nicht auf einmal zu knacken ist. Der erste Schlüssel, den Sie brauchen, ist: das Hindernis klar identifizieren und benennen.

1. SCHLÜSSEL

Eliminieren Sie, was zwischen Ihnen und der Erreichung Ihrer Arbeitsziele steht. Ich nenne das: Bürokram.

Bürokram, der: Alle Arbeiten im Büro, die kein direktes Ergebnis produzieren, sondern nur die eigentliche Arbeit verwalten. Je nach Berufsfeld und Hierarchieebene kann der Bürokram bis zu 99,9 Prozent der Arbeitszeit ausfüllen. Sinnvoll ist ein Anteil von maximal 0,1 Prozent.

Was bedeutet das genau, Bürokram? Sicher ist nicht alles, was Sie im Büro tun, Bürokram. Denn hier arbeiten Sie ja auch inhaltlich an Ihren Zielen, erstellen Konzepte, führen wichtige Telefongespräche mit Kunden, tun die Dinge, wegen denen Sie sich mal für Ihren Beruf entschieden haben. Die Aufgaben, die Ihnen Freude machen.

Ist Bürokram also alles, was keine Freude macht? Als erste Annäherung an die Definition finde ich das schon mal nicht schlecht. Alles, was keine Freude macht, das umfasst: die lästige Verwaltungsarbeit, die notwendig scheint, aber langweilig und anspruchslos ist. Adressen von Visitenkarten abtippen. Die Junkmails aus Ihrem Posteingang löschen. Belege abheften. Zip-Dateien entpacken. Termine abstimmen.

Vielleicht sind Sie ja einer der Glücklichen, die eine Sekretärin haben, die so etwas für Sie erledigt. In diesem Fall nimmt bei Ihnen der lästige Verwaltungskram andere Formen an: Anträge abzeichnen, Entwürfe Ihrer Mitarbeiter gegenlesen, zahllose Arbeitsessen, bei denen unterm Strich nicht mehr herauskommt als ein paar Kilo mehr auf der Waage.

Was haben diese Dinge gemeinsam? Sie fressen Zeit, ohne Sie wirklich Ihren Zielen näher zu bringen. Die eigentliche Definition von Bürokram ist also: Tätigkeiten, die nichts zur Erreichung Ihrer Ziele beitragen.

Dazu gehört auch manchmal das, was Spaß macht: Foren nach Beiträgen durchforsten, die für Ihre Arbeit relevant sind, und sich dabei in den Weiten des Internet verlieren. Facebook-Kommentare posten. Schauen, wer Ihr Xing-Profil besucht hat. Chatten, unter dem Vorwand der Netzwerk-Pflege. Das sich ausdehnende Kaffeepausen-Gespräch. Die Grenzen zwischen Arbeit und Privatleben sind eben manchmal fließend.

Der technologische Fortschritt scheint einige dieser Bürokram-Probleme zu lösen: automatische Filter im Mailprogramm, Autokorrektur im Textverarbeitungsprogramm, automatischer Abgleich zwischen Ihren verschiedenen Kalendern.

Tatsächlich erspart Ihnen all das aber keine Arbeit, sondern erhöht nur die Erwartungen. Vor allem Ihre eigenen an sich selbst. Statt die freigewordene Zeit für Ihre eigentlichen Aufgaben zu nutzen, packen Sie sich noch mehr drauf. All die Spielereien, die eine Powerpoint-Präsentation bietet, wollen auch genutzt werden. Wenn Sie mit Smartphone oder Tablet von überall her auf Ihre Daten in der Cloud zugreifen können, gibt es auf der Zugfahrt zur Messe keine halbe Stunde mehr, die Sie für ein gutes Management-Buch oder für Ihre strategische Planung nutzen können, ohne zwischendurch Ihre Mails abzurufen. Der Bürokram vervielfältigt sich, statt abzunehmen.

Die Hoffnung, dass der Bürokram einzudämmen ist, wird also immer wieder enttäuscht. Von Ihrer alltäglichen Arbeit. Von Ihrer technischen Unterstützung. Und von den Selbstorganisations-Seminaren erst recht.

Dumm nur, dass die meisten Menschen darauf nicht mit Wut reagieren und schon gar nicht mit dem Entschluss, alles anders zu machen. Sondern sie suchen sich einen anderen Weg, um mit der Enttäuschung klarzukommen.

Die schwere Bürde des Schutzpanzers

Wenn die Summe negativer Erfahrungen zunimmt, reagieren die meisten Menschen mit Sarkasmus: spöttische, bitterböse Sprüche und eine demonstrative „Das geht mir doch alles am Allerwertesten vorbei"-Mentalität. Wer sich nichts erhofft, kann wenigstens nicht enttäuscht werden.

Sarkasmus ist ein Schutzpanzer um die Seele. Und er ist eine Langzeiterkrankung. Wer sich einmal in Sarkasmus geflüchtet hat, kommt da nicht so leicht wieder heraus. Das heißt aber auch, dass er allen Ideen, allen Workshops, allen Verbesserungsinitiativen gegenüber eine Abwehrhaltung einnimmt. Ein in einem großen Konzern beschäftigter Abteilungsleiter sagte einmal zu mir: „Wissen Sie, Herr Haupt, eigentlich ist mir egal, wer unter mir Vorstand ist." Den hatte wirklich ein schwerer Sarkasmus erwischt!

Das Problem dabei ist: Sarkasmus blockt jede Begeisterung ab. Und mindert damit das Engagement. Nur wenn Sie für Ihre Aufgabe brennen, können Sie sich hundertprozentig engagieren. Und nur wenn Sie sich engagieren, wenn Ihnen Ihre Aufgabe sinnvoll erscheint, können Sie auch Freude an ihr haben. Sarkasmus mindert die Lebensqualität. Insofern ist er selbstbestätigend.

Nicht nur in Einzelpersonen, auch in ganzen sozialen Systemen kann sich der Sarkasmus-Virus festsetzen und ist dann hochgradig ansteckend für alle, die neu in das System kommen. Da kommt dann ein Jobneuling voller Feuer dazu: „Spannendes Aufgabengebiet! Okay, ich sehe, dass die Leute hier in der Abteilung alle abgestumpft sind, frustriert und unmotiviert. Die kriegen alle den Hintern nicht hoch. Aber jetzt bin ich da! Ich werde schon frischen Wind in die Abteilung pusten und meinen Kollegen zeigen, dass wir doch was bewegen können!" Es dauert kaum ein Jahr, bis der Neuling seinen ganzen Schwung verloren hat. Nachdem er einige Zeit lang vergeblich versucht hat, den schweren Sarkasmus-Panzer seiner Kollegen zu knacken, gibt er es auf und legt sich einen eigenen zu. Bald weiß er nicht mehr so genau, wofür er im Unternehmen überhaupt zuständig ist. Was er alles erreichen wollte, als er dort angefangen hat. Dafür weiß er aber sehr genau, wofür er nicht zuständig ist. Was nicht zu seinem Aufgabengebiet gehört. Was sich alles gar nicht lohnt anzupacken. Und vor allem: Warum das genau so das Beste für alle Beteiligten ist. Kurz: Er kennt all die Gründe, die dafür sprechen, gar nichts zu tun.

Der Zynismus rangiert sogar auf höchster Hierarchieebene. Ich habe das mal bei einem großen Konzern erlebt. Die haben auf ein neues Datenbanksystem umgestellt und mussten die Kundendaten der Bestandskunden migrieren, also aufs neue System übertragen. Der Chef ging zur Softwareabteilung und fragte den Software-Leiter, was das kostet: „Eine Million Euro." Dann ging der Chef zur Marketingabteilung: „Was kostet eine Kampagne, mit der wir unsere Kunden davon überzeugen, dass es das Beste ist, wenn sie ihre Daten selbst händisch in die neue Datenbank einpflegen?" – „50 000 Euro". Also wurde diese Aufgabe an die Kunden delegiert. Das Zynische daran war, dass ihnen das als Service verkauft wurde. Und dass allen Mitarbeitern, die sich vielleicht zum Ziel gesetzt hatten, das Beste für den Kunden zu erreichen, demonstriert wurde: lohnt sich nicht. Machen wir nicht.

Wer in so einem System arbeitet, wer diese Haltung jeden Tag einatmet, der gibt die Hoffnung auf, dass sich jemals etwas ändern könnte. Also rödelt er sich weiter an den unwichtigen Aufgaben ab, ist im Dauerstress, ohne den Sinn dahinter zu sehen, häuft Überstunden und Wochenendarbeit aufeinander, kommt spätabends frustriert heim und fragt sich: „Was habe ich heute eigentlich erreicht?" Und weil er im Beruf gewöhnt ist, sich an Unwichtigem abzuarbeiten, geht es im Privatleben genauso weiter. Er kümmert sich zu wenig um sich selbst, steht unter Dauerspannung, gönnt sich keine Pausen, achtet nicht darauf, was ihm guttut.

Das schlägt auf die Gesundheit. Nach einer Weile ist das Gesundheitskonto tief im Dispo. Und die Zinsen werden unerbittlich eingefordert. Von Rückenschmerzen über Verdauungsbeschwerden und Magengeschwüren bis hin zum Burnout oder Herzinfarkt kann alles mit dabei sein.

So kommt ein Ärger, ein Frustrationsmoment zum anderen. Bis Sie irgendwann die Schnauze gestrichen voll haben. Bis Sie irgendwann beschließen: Jetzt reicht es mir. Ich will das alles nicht mehr. Ich will mich nicht mehr abhetzen und meine Arbeit trotzdem nicht schaffen. Ich will nicht mehr im Bürokram-Stau stehen. Ich will nicht mehr jeden Abend frustriert sein. Jetzt ändere ich etwas – grundlegend.

Das tägliche Chaos

Bühnenbild: Großraumbüro mit fünf Schreibtischen, auf jedem davon Computer und Telefon. Drei Türen gehen vom Büroraum ab, an einer davon hängt ein Schild: „Ruhearbeitsraum. Bitte Schweigen wahren."

Auf der Bühne: Drei Männer, zwei Frauen, ein Hund.

Szene: Sämtliche Personen reden aufgeregt ins Telefon, springen immer wieder auf, wühlen in einem Aktenschrank nach dem richtigen Ordner, setzen sich wieder hin, tippen hektisch, rufen einander quer über die Schreibtische unverständliche Halbsätze zu. Der Hund rast im Büro hin und her, als hätte ihn eine Wespe gestochen. Die Blätter der Büropflanze wehen im Luftzug der Leute, die an ihr vorbeirennen. Die Telefone scheinen Schluckauf zu haben. Die Protagonisten wechseln sich damit ab, die Türe zum Ruhe-Arbeitsraum aufzureißen und hineinzurufen: „Nur eine ganz kurze Frage!"

Auftritt Frau Meier von links: „Ohgottohgottohgott! Die Hawelco hat gerade angerufen. Die sagen, ihr Auftrag ist seit einer Woche überfällig und wenn sie nicht bald ein Ergebnis sehen, wechseln sie den Anbieter."

Panik. Die Personen reden durcheinander: „Was? Von dem Auftrag wusste ich gar nichts, warum haben Sie den denn nicht weitergegeben?" – „Wissen Sie, wie hoch die Stapel auf meinem Schreibtisch sind?" – „Das ist ein A-Kunde, haben Sie keine Ahnung von Prioritäten?"

Herr Müller: „Alle mal ruhig! Ich will gar nicht wissen, wer Schuld ist. Sie lassen jetzt alle anderen Aufträge liegen und bearbeiten nur noch den der Hawelco."

Die Hektik im Büro verdoppelt sich. Etwa fünf Minuten lang angestrengtes Arbeiten.

Ein Telefon klingelt. Frau Rosbaum nimmt ab.

Frau Rosbaum: „Ja? Was? Tut mir echt leid, da muss etwas schiefgegangen sein. – Nein, das ist doch nicht nötig, wir kümmern uns sofort darum!" Sie legt auf. An die Kollegen gewandt, aufgeregt: „Das war die Firma Sappatec. Deren Auftrag ist schon seit drei Wochen überfällig. Sie drohen mit Klage."

Herr Müller: „Alle Mann stopp! Lassen Sie Hawelco liegen und kümmern Sie sich sofort um Sappatec!"

••••••••

Okay, ich gebe zu: Dieses Bild ist ein bisschen überzogen. So hektisch, so chaotisch geht es nicht immer und nicht überall zu. So sprunghaft werden die Prioritäten nicht vom Chef geändert. Na ja, jedenfalls nicht immer.

Was aber tatsächlich regelmäßig passiert: Die Mitarbeiter sind getrieben. Und zwar von den Aufgaben, die an allen Ecken und Enden hochploppen und nach sofortiger Aufmerksamkeit schreien. Die dringenden Aufgaben drängeln sich vor die wichtigen. Die Mitarbeiter haben keine Chance mehr, selbst zu entscheiden, was sie als Erstes angehen. Sie sind nur noch am Sprinten, um nicht von der Stampede der heranstürmenden Aufgaben niedergetrampelt zu werden. Andauernd sind sie im Rettungsmodus unterwegs. Projekte, die kurz vor dem Scheitern stehen, müssen eiligst gerettet werden – auf Kosten derjenigen Projekte, die noch ganz gut dastehen, aber jetzt allmählich und unaufhaltsam in den roten Bereich rutschen. Die Mitarbeiter schuften wie verrückt, machen Überstunden, zehren ihre persönlichen Reserven auf – und es reicht trotzdem nicht. Bei aller Anstrengung kommt kaum ein Ergebnis rum.

Das Bittere ist: Das ist den Mitarbeitern völlig bewusst. Die sind ja nicht blöd und sehen, was los ist. Sie sehen auch, dass alles besser laufen würde, wenn sie nur irgendwo mal einen Zipfel zu fassen und ihr Arbeitsleben wieder in den Griff bekämen. Aber das gelingt ihnen nicht. Denn sie funktionieren, statt nachzudenken.

Menschen sehen viel zu viel als gegeben an. Sie finden den täglichen Büro-Wahnsinn zwar nicht toll, aber normal. Über die Überforderung wird kräftig gestöhnt – und dann wird dasselbe alte Rad weiter angetrieben. Wer will sich ihm schon in den Weg stellen und überrollt werden?

Erschreckend finde ich vor allem eine Hoffnung, die ich vor allem bei jungen Leuten immer wieder antreffe. Ja, ich weiß, ich bin selbst auch noch nicht gerade der Büro-Senior, aber ich habe doch schon anderthalb Jahrzehnte Berufserfahrung. Ein paar Sachen konnte ich mir immerhin schon abgewöhnen. Dazu gehört diese Hoffnung, die Berufseinsteiger immer wieder zeigen: „Ich erledige jetzt erst schnell den Kleinscheiß, dann habe ich Zeit für die wichtigen Sachen." Das funktioniert nie! Der Kleinscheiß hat die Neigung, sich auszudehnen und jede verfügbare Minute einzunehmen. Wie der Historiker und Soziologe Cyril Northcote Parkinson schon 1955 feststellte: „Work expands so as to fill the time available for its completion." Wer gleich morgens mit dem Kleinkram anfängt, findet nie Zeit für die wichtigen Dinge.

Die Folge ist: Frust! Weil der Output weit unter den Möglichkeiten bleibt. Weil der Einzelne seine eigenen Ansprüche an sich selbst nicht erfüllen kann. Und weil er keine Chance sieht, daran irgendetwas zu ändern. „Ich würde ja gerne mal meine Arbeitsabläufe überdenken, aber ich habe nie Zeit dazu. Mein Chef überschüttet mich mit Arbeit." In Wirklichkeit ist es aber doch so: Die Leute nehmen sich diese Zeit nicht. Denn da ist sie. Jeder Tag hat 24 Stunden, egal was Sie damit anfangen. Wofür jemand Zeit hat und wofür nicht, ist eine Frage seiner Prioritäten. Die kann jeder im Prinzip selbst setzen – wenn er sich nur darüber im Klaren ist. Faktisch lassen sich aber zu viele Menschen ihre Prioritäten von außen diktieren. Und werfen sie dann, wenn von woanders noch höherer Druck kommt, allzu leicht wieder über den Haufen. Nörgelnde Kunden, der Chef, der ihnen noch und noch mehr Aufgaben auf den Tisch packt, kurzfristig anberaumte Meetings – zu alldem ist es schwer, „Nein" zu sagen. Darauf warten, dass irgendwann mal die Anforderungen der Kunden nachlassen, dass der Chef sich zurückhält, eine ruhige Phase eintritt? Utopisch! Deswegen geht alles immer so weiter. Das ungute Gefühl bleibt ohne Konsequenzen. Die Getriebenheit wird noch schlimmer. Ein Teufelskreis!

Den wird niemand durchbrechen, wenn Sie es nicht tun.

2. SCHLÜSSEL

Sie selbst müssen das Heft in die Hand nehmen. Warten Sie nicht darauf, dass jemand anderer Ihre Probleme löst.

Sie haben bestimmt schon mal solche Sätze gehört oder selbst gedacht wie:

- Ich gebe doch schon alles. Mehr ist einfach nicht drin.
- Was soll ich denn machen, wenn der Chef meine Prioritäten immer wieder über den Haufen wirft? Ich kann doch nicht zu ihm sagen: „Nein, mache ich nicht!"
- Wir haben nun mal die Firmenpolitik, dass jede Kundenanfrage innerhalb von 24 Stunden beantwortet werden muss. Wenn ich das nicht will, kann ich mir bald einen anderen Arbeitsplatz suchen.

- Bevor der Kunde am Ende noch einen Herzinfarkt kriegt, beantworte ich halt schnell seine Mail. Dauert ja nur fünf Minuten.
- Nur noch dieses eine Mal schiebe ich das ausnahmsweise dazwischen.
- Ab heute wende ich wirklich alles an, was ich im Zeitmanagement-Seminar gelernt habe. Jetzt bekomme ich alles in den Griff!
- Mit dem neuen Tool kann ich den Bürokram in der Hälfte der Zeit erledigen. Das ist die Lösung!

Gefühlte Machtlosigkeit, Ausnahmen, Scheinlösungen … das alles hält Sie davon ab, das Problem grundsätzlich anzugehen. So hört die Zeitvergeudung durch Bürokram nie auf.

Besonders heimtückisch sind dabei die Scheinlösungen. Die Tools und Methoden, die sich schreiend anbieten und Ihnen versprechen, dass Sie damit die Kontrolle über Ihren Arbeitsalltag zurückgewinnen.

- Checklisten und Reportings
- Aufgabenbezogene Zeiterfassung
- Eisenhower-Matrix
- Customer-Relationship-Management
- …

Bitte verstehen Sie mich richtig: Ich finde all diese Dinge nicht falsch. Richtig eingesetzt, können sie extrem nützlich sein. Aber um sie sinnvoll einzusetzen, müssen Sie erst Ihre Arbeitsorganisation aufgeräumt haben. Zu erwarten, dass diese Tools das für Sie erledigen, ist illusorisch. Und kontraproduktiv.

Denn sie vermehren Ihren Bürokram eher, statt ihn abzubauen. Sie binden sich weitere Klötze ans Bein: Zu allem übrigen müssen Sie jetzt auch noch Ihre Checklisten und Reportings ausfüllen, viertelstundengenau aufschreiben, womit Sie Ihre Zeit verbringen, Informationen ins CRM-System eintragen … und so verbringen Sie eine weitere halbe oder ganze Stunde pro Tag mit Bürokram.

Ich kenne ein Medienunternehmen, das sich für eine sechsstellige Summe ein Zeiterfassungssystem kaufte, um kontrollieren zu können, wie viel Zeit für welches Projekt aufgewendet wird und wie wirtschaftlich das Ganze ist. Und dann konnte man sich nicht darüber einigen, welche Funktionen wie genutzt werden sollten. Ob die Arbeitszeit einer hochbezahlten Fachkraft anders gewertet werden sollte als die eines Volontärs. Und so weiter. Jede Abteilung hatte da ihre eigenen Vorstellungen. Im Prinzip wurde anhand dieses Systems die Organisationsstruktur des Unternehmens ausdiskutiert. Am Ende einigte man sich darauf, dass man sich nie einigen würde. Das Zeiterfassungssystem wurde gar nicht erst in Betrieb genommen. Keinen einzigen Tag lang erfüllte es seinen Zweck.

In diesem Unternehmen wurde wenigstens noch rechtzeitig die Reißleine gezogen. Ich kenne andere Unternehmen, bei denen solche Projekte über alle Hindernisse hinweg blindlings durchgezogen werden. Oder noch schlimmer: noch mehr Geld dem bereits ausgegebenem hinterhergeschmissen wird – obwohl es höchst fraglich ist, ob das angestrebte Ziel überhaupt erreicht werden kann.

In wie vielen Firmen wurde ein CRM-System eingeführt in der Hoffnung, dass sich damit der Umsatz steigern lässt. Und dass die Vertriebsorganisation unkomplizierter wird. Wenn jeder Vertriebsmitarbeiter alle Informationen über seine Kunden, deren Vorlieben, deren Geburtstag usw. in die große Datenbank einträgt, dann können andere Vertriebler ihn leicht vertreten, wenn er in Urlaub ist. Das ist jedenfalls das, was den Außendienstlern erzählt wird. Natürlich steht auch der Gedanke dahinter: Außendienstler, die nicht so viel Umsatz bringen, können jetzt leichter ausgetauscht werden.

So weit die Idee. Oft genug geht sie gründlich schief. Denn die Vertriebsmitarbeiter haben das natürlich durchschaut. Sie haben überhaupt keine Lust, sich ins eigene Bein zu schießen, indem sie die Kundendaten pflegen. Dazu kommt, dass die Pflege der Daten viel Zeit kostet – Zeit, die von der Telefonakquise und den Vertriebstouren abgeht. Und damit vom Umsatz. Und noch eine weitere Sache übersieht die Geschäftsleitung oft: Den Kunden ist es nicht völlig egal, wer sie betreut. Wer über Jahre hinweg Vertrauen zu „seinem" Verkäufer aufgebaut hat, geht mit einem anderen nicht ganz so unkompliziert um, selbst wenn dieser genau Bescheid weiß. Der Betreuungsaufwand pro Kunde steigt, die Rentabilität sinkt.

So manches Unternehmen führte also ein teures System ein, das nicht nur nichts brachte, sondern sogar Schaden anrichtete. Dennoch wurde es nicht wieder abgeschafft. Man hatte doch so viel Geld dafür ausgegeben, niemand wollte gerne zugeben, dass das ein Fehler gewesen war …

Mit all den schlauen Büroorganisationstools gewinnen Sie zwar die Kontrolle. Aber möglicherweise die Kontrolle über das Falsche. Sie kontrollieren damit nicht Ihre Kernarbeit, sondern den Bürokram. Mit anderen Worten: Sie arbeiten damit zwar effizient. Aber nicht effektiv.

Den Unterschied zwischen den beiden Begriffen Effektivität und Effizienz macht folgendes Beispiel deutlich: Bei der Weihnachtsfeier gerät die Tischdeko in Brand. Sie löschen das Feuer mit einem Glas Wasser. Damit sind Sie effektiv (Sie haben den Brand gelöscht) und effizient zugleich (Sie haben es mit unschlagbar geringem Mitteleinsatz geschafft). Wenn Sie den Brand mit dem neben dem Wasserglas stehenden Glas Champagner gelöscht hätten, wären Sie zwar genauso effektiv gewesen – aber ganz bestimmt nicht effizient.

Diese beiden Begriffe werden oft durcheinander gebracht, das fällt mir immer wieder auf. Dabei ist es eigentlich ganz einfach: Effektiv sind Sie dann, wenn Sie das Richtige tun. Effizient sind Sie dann, wenn Sie die Dinge richtig tun, nämlich mit möglichst geringem Aufwand. Effizienz ist nachgeordnet. Denn was nützt es Ihnen, wenn Sie falsche, wirkungslose Dinge mit wenig Aufwand erledigen? Dadurch passieren die richtigen und wichtigen Dinge noch lange nicht!

3. SCHLÜSSEL

Sorgen Sie zuerst dafür, effektiv zu sein. Dann erst kümmern Sie sich um Effizienz!

Sie haben einen viel größeren Hebel, wenn Sie die richtigen Dinge tun. Und die anderen bleiben lassen. Schreiben Sie also nur die drei wirklich wichtigen Mails – statt fünfzig Mails in einem sagenhaften Tempo, weil Sie mit Textbausteinen arbeiten, Mails ähnlichen Inhalts bündeln, das Zehn-Finger-Tippsystem gelernt haben etc. Erst wenn Sie gelernt haben, was die wirklich wichtigen Aufgaben sind, und sich auf diese konzentrieren, lohnt es sich, beim Erledigen Zeit zu sparen.

Das Bittere: All die herkömmlichen Lösungsansätze, die Zeitmanagement-Methoden, die wertvollen Bürotools etc., zielen alle nur auf Effizienz ab. Sie bringen Ihnen bei, wie Sie beim Erledigen der Aufgaben Zeit sparen können. Aber sie helfen Ihnen nicht zu entscheiden, welche Aufgaben wichtig sind.

Das müssen Sie selbst tun, und zwar als Erstes. Selbst Priorisierung hilft Ihnen dabei nur dann, wenn Sie sich im Voraus über die Kriterien im Klaren sind.

Effektivität kann nur aus Ihnen selbst kommen. Nur Sie allein können entscheiden, was für Sie das richtige Tun ist. Dazu müssen Sie erst mal Ihre Ziele klären. Im Klaren darüber sein, was Sie beruflich erreichen wollen. Und damit meine ich nicht: nächstes Jahr Beförderung zum Abteilungsleiter. Oder: genug verdienen, dass ich mir zwei Urlaube pro Jahr leisten kann. Klar, dass Sie solche Ziele auch haben. Aber sie beeinflussen nicht wirklich, welche Tätigkeit für Sie jeden Tag wichtig ist und welche nicht. Was Ihren Tagesablauf viel mehr bestimmt, ist die Frage: Was wollen Sie bewirken? Für das Unternehmen, für die Kunden, für die Shareholder, für die Region …?

Nehmen wir an, Sie haben das Hauptziel, Ihren Kunden eine Rundum-Lösung zu bieten, die sie vollkommen zufriedenstellt. Für das Unternehmen bedeutet das: Kundenbindung. Zufriedene Stammkunden, die nicht erst mühsam akquiriert werden müssen, sondern mit der nächsten Anfrage wieder zu Ihnen kommen. Dann ist die Entscheidungsgrundlage einfach: Jeden Tag zwei Reportings weniger schreiben und damit zwei Stunden einsparen, bedeutet zwei Stunden mehr Zeit für Kundengespräche. In diesen Gesprächen können Sie die Bedürfnisse der Kunden ermitteln und maßgeschneiderte Angebote erstellen. Jeden Tag machen Sie also zwei Kunden mehr glücklich, gewinnen fürs Unternehmen zwei Stammkunden mehr. Ins Kundengespräch ist Ihre Zeit also viel besser investiert als ins Reporting.

Was aber, wenn Ihr Unternehmen von Ihnen strikt verlangt, Reportings zu schreiben? Dann können Sie Ihre Zeit noch so effizient nutzen: Sie werden niemals so effektiv sein, wie Sie könnten.

Innerhalb vorgegebener Strukturen ist es gar nicht so einfach, die eigene Zeit wirklich dem Hauptziel zu widmen. Das ist das Kernproblem an all den Selbstorganisationstechniken: Sie verändern nur das persönliche Verhalten. Wenn das im Rahmen widriger Umstände, z.B. falscher von außen vorgegebener Prioritäten, passiert, ist jede Anstrengung Ihrerseits für die Katz. Denn die Umstände bleiben von Ihrer Selbstorganisation unberührt.

Also doch zurücklehnen und jammern, dass Sie nichts ändern können?

Nein. Das meine ich nicht. Das würde ja bedeuten, dass die Umstände in jedem Fall naturgegeben und unveränderbar sind. Dass Sie ihnen wehrlos ausgeliefert sind. Was schlicht nicht stimmt. Wehrlos sind Sie nur, wenn Sie sich dafür halten. Was ich meine:

4. SCHLÜSSEL
Sie müssen nicht sich selbst ändern, sondern die Umstände.

Um Ihre Ziele zu erreichen, müssen Sie die Umstände so beeinflussen, dass Sie effektiv sein können. Und keine Sorge: Ja, das können Sie! Auch wenn die Strukturen um Sie herum aus Kruppstahl gegossen scheinen – bei genauerem Hinsehen sind sie in der Regel weit weniger starr als angenommen. Vor allem, wenn Sie gute Argumente vorweisen können. Wenn Sie darstellen können, was Ihr Vorgehen allen Beteiligten bringt. Dass Sie mit Ihrem Streben nach Effektivität dem Unternehmen einen viel größeren Vorteil bringen als mit bloßer Effizienz.

Anyway: Wie Sie die Reorganisation anschließend Ihren Kollegen, Ihren Mitarbeitern, Ihrem Chef verkaufen, können Sie sich überlegen, wenn es soweit ist. Hier in diesem Buch kümmern wir uns am Freitag darum.

Jetzt geht es erst mal darum, herauszufinden, was genau Sie an den Umständen ändern wollen. Und wie.

Auf Abstand gehen

Die Frage ist also: Was muss geändert werden? Was genau stört mich an dem Bürokram? Welches sind die größten Zeitfresser? Wie viel Prozent meiner Arbeitszeit …

Didüdidüdit. Och nö, jetzt nicht. Jetzt will ich doch gerade herausfinden …

Didüdidüdit. Da gehe ich jetzt einfach nicht dran. Ich habe Wichtigeres …

Didüdidüdit. Einfach ignorieren. Also, was sind meine größten Zeit …

Didüdidüdit. Am besten schreibe ich mir auf, womit ich tagsüber …

Didüdidüdit. Der ist aber hartnäckig. Egal. Wenn es was Wichtiges ist …

Didüdidüdit … wird er schon noch mal anrufen. Also. Zettel und Stift. Oder am besten eine Excel-Tabelle, dann kann ich die Zeiten gleich zusammenrechnen. Ah. Kein Klingeln mehr. Der hat endlich aufgegeben. Uff. Also: Heute morgen habe ich eine Stunde lang Mails gecheckt und beantwortet, nein, eine Stunde und zwanzig Minuten. Aber das war ja nicht alles Zeitvergeudung, die Mail von Frau Matussek war wichtig für das Projekt, und die von …

Bing! Neue Nachricht. Mit rotem Ausrufezeichen. Na gut, schnell überfliegen. Oh, gut, dass ich das rechtzeitig gelesen habe, sonst wäre ich nachher im falschen Konferenzzimmer gestanden. Also, wo war ich? Noch eine halbe Stunde Zeit. Reicht das überhaupt? Hauptsache mal anfangen. Also, am besten schreibe ich in der Tabelle noch mit dazu, ob die Tätigkeit jetzt zielführend war oder nicht. Eine Stunde zehn Minuten Mails Zeit vergeudet, zehn Minuten sinnvoll. Weiter. Dann war die Besprechung mit dem Vertrieb, na ja, das war im Prinzip schon sinnvoll, bloß hätten wir zum gleichen Ergebnis auch in der Hälfte der Zeit kommen können. Dann …

Oh, Hallo Herr Hoffmann. Geht das auch nach der Konferenz? Ich versuche gerade einen Überblick zu gewinnen … na gut. Ja, da gebe ich Ihnen recht, nur sehe ich nicht, wie wir die IT-Abteilung davon überzeugen können. Ah, wirklich? Gute Idee, einverstanden. Gehen Sie schon mal vor? Ich will hier nur noch schnell …

Didüdidüdit. Ja, was ist denn jetzt schon wieder! Entschuldigung, Frau Berger, das war nicht gegen Sie gerichtet. Es ist nur so, dass ich heute keine Minute zum Nachdenken komme.

5. SCHLÜSSEL

Sie brauchen als Allererstes eine Pause, um überhaupt einmal nachdenken zu können.

Einen Überblick gewinnen, sich grundsätzliche Gedanken machen, an Ihren Arbeitsumständen sägen und feilen – das können Sie nicht, wenn Sie dabei alle paar Minuten unterbrochen werden. Dazu brauchen Sie Ruhe. Sie müssen Ihre Gedanken sammeln können.

Das Problem: Ruhe ist im Alltag nicht vorgesehen. Höchstens in Form von Nachtschlaf und Wochenend-Erholung. Aber innerhalb der Arbeitszeit? Fehlanzeige. Wer sich da Ruhepausen gönnt, gerät schnell in Verdacht, nicht engagiert genug zu sein.

Wir leben in einer Zeit des Produktivitätswahns. Das fängt schon beim Bild des erfolgreichen Menschen in der Öffentlichkeit an: Haben Sie schon mal im Fernsehen das Bild eines nachdenklichen Top-Performers gesehen? Wenn in Fernsehnachrichten ein Manager zu sehen ist, dann wie er mit dynamischen Schritten zwei Treppenstufen auf einmal nimmt und dabei telefoniert oder ein Interview gibt. Wer auf eine Reporteranfrage nachdenkt, bevor er antwortet, wird als langsam belächelt. Es gibt keine Vorbilder für Denkpausen. Noch nicht mal für den Wunsch nach Denkpausen. Karl-Theodor zu Guttenberg soll in seiner Zeit als Verteidigungsminister mal gesagt hat: „Ich wünschte, ich hätte mehr Zeit, darüber nachzudenken." Konjunktiv. Irrealis. Wenn er auch sonst kaum als Vorbild taugt – er hat zumindest mal darüber nachgedacht, dass man mal nachdenken sollte.

Ruhe und Pausen werden in den Medien praktisch nicht dargestellt. Das finde ich fatal. Denn es ist wichtig, die Balance zu halten. Natürlich will ich performen. Sie auch. Aber die Wirksamkeit der Performance wird viel höher, wenn Sie sich ab und zu die Zeit nehmen, um darüber nachzudenken, was Sie da eigentlich tun und warum. Das Nachdenken bewegt sich in beide Richtungen: in die Vergangenheit, um einen Überblick zu gewinnen und auszuwerten, und in die Zukunft, um Pläne zu schmieden.

Dazu brauchen Sie Freiräume. Zeit für sich alleine, ohne Unterbrechungen. Ich zum Beispiel schaffe mir diesen Freiraum, in dem ich Tagebuch schreibe. Nicht so ein Teenie-Tagebuch, indem ich darüber spekuliere, was XY wohl denkt. Sondern handfest. Zentrale Gedanken und Entscheidungen notiere ich jeden Tag in meinem in Leder gebundenen Notizbuch. Und dann verfolge ich nach, was ich getan habe, um sie umzusetzen. Und wie sich das ausgewirkt hat.

Das ist eine wertvolle Quelle. Wenn ich in den alten Tagebüchern nachlese, kann ich zum Beispiel nachverfolgen, wie ich zu der Entscheidung gelangt bin, mein Studium abzubrechen: Weil ich erkannte, dass ich für den Beruf, der mir wirklich Spaß macht und den ich gut kann, das Studium gar nicht brauche. Es drohte mir sogar eher zu schaden und meine Kreativität abzuwürgen. Mitarbeiter finden und binden, den Markt verstehen, Ideen haben und Ideen in ein Produkt überführen, dann andere Menschen davon überzeugen – all das kann ich gut. Das BWL-Studium hat nicht viel dazu beigetragen, diese Fähigkeiten auszubauen. Es hat nur Modelle dazu geliefert, die zwar ganz interessant waren, aber die ich eigentlich nicht brauchte. Mein Studium war somit sinnlos geworden. Es wäre nur Zeitverschwendung gewesen. Die Entscheidung war goldrichtig.

Das Aufschreiben hilft mir auch heute noch, wenn ich vor einer ähnlich wichtigen Entscheidungen stehe: durchhalten oder abbrechen? Ich habe ein Kriterium bei der Hand, um diese Entscheidung zu treffen. Weil ich mir die Zeit nehme, gründlich darüber nachzudenken. Und meine Kriterien und die Ergebnisse meines Nachdenkens aufzuschreiben.

Reflexion ist der einzige Weg zur Klarheit. Und zwar Reflexion für sich alleine, nicht das Ganze mit Kumpels diskutieren. Da besteht doch die Gefahr, dass die Ihnen genau das sagen, was Sie hören wollen. Gut, das ist vielleicht auch Typsache. Wenn Sie jemand sind, der seine Gedanken am besten beim Reden in eine klare Form bringen kann, dann hilft darüber Reden schon. Oder wenn Sie Freunde haben, die Ihnen offen und ehrlich ihre Meinung sagen. Und denen Sie auch von eigenen Fehlern erzählen können, ohne dass Sie sich Sorgen machen müssen, dass die danach schlechter von Ihnen denken.

Andererseits: Freunde sind oft zu nahe an Ihnen und Ihrer Gedankenwelt dran, um wirklich als Spiegel dienen zu können. Außerdem haben Ihre Freunde eigene Interessen – zum Beispiel, einen netten Abend mit Ihnen zu verbringen. Das könnte sie dazu verleiten, das Gespräch rasch auf ein Scheinergebnis hin zu führen, um danach zu anderen Themen übergehen zu können. Da ist ein nüchternes Gespräch mit einem interessierten, unparteiischen Fremden vielleicht geeigneter.

Coaching stellt so eine Situation her. Ein Coach hilft Ihnen, Ihre eigenen Gedanken zu fassen, macht Sie auf Denkfallen und -muster aufmerksam – ohne Ihnen irgendetwas einreden zu wollen. So ein Coaching kann deshalb sehr nützlich sein – wenn ein gewisser persönlicher Abstand gewahrt wird. Mir persönlich scheinen Coaches allerdings oft ein wenig zu übergriffig zu sein. Außerdem ist nicht alles das Coaching, wo „Coaching“ draufsteht. Oft handelt es sich um eine ganz normale Fachberatung, die in die Länge gezogen wird.

Erst mal selbst nachdenken, dann zum Coach rennen, ist meine Devise. Deshalb mache ich es meistens mit mir selbst aus, wenn ich Klarheit bekommen will. Und Sie? Da gibt es viele Möglichkeiten:

- im Gespräch mit Ihrer Partnerin / Ihrem Partner
- im Gespräch mit einem Coach
- beim Joggen / beim Waldspaziergang
- auf einem Berggipfel sitzend, mit Aussicht
- im Urlaub
- in Ihrem Büro bei verschlossener Türe
- …

Hauptsache, Sie kommen mal aus dem täglichen Trott raus. Machen Sie einen bewussten Cut! Schalten Sie Ihr Smartphone aus, sorgen Sie dafür, dass Sie nicht gestört werden. Hören Sie jetzt auch keine Musik, lassen Sie nicht den Fernseher laufen. Das Letzte, was Sie jetzt brauchen können, ist neuer Input. Sie wollen ja gerade den alten Input sortieren und auswerten.

Damit das gelingt, finde ich eine räumliche Trennung vom Arbeitsplatz gut. Eine andere Umgebung bringt Sie auf andere Gedanken. Gewinnen Sie erst mal inneren Abstand vom Alltagsstress. Schalten Sie ganz ab. In der zweiten Phase kommen Sie dann zum Nachdenken. Das ist der Reflexions- und Stoppmoment, den Sie so dringend benötigen.

Auch wenn Sie sich am liebsten gleich ein paar Tage frei nehmen würden, um in Ruhe nachdenken zu können: Das wird so kurzfristig kaum möglich sein. Und wenn Sie warten, bis eine Pause vom Geschäft her möglich ist oder bis der nächste Urlaub ohnehin ansteht, dann fürchte ich, dass bis dahin die Veränderungsenergie wieder erloschen ist.

Nehmen Sie sich Ihre Denkpause jetzt! Es müssen ja nicht gleich fünf Tage sein. Für den Anfang genügt es auch schon, wenn Sie sich für zwei Stunden in

Ihrem Büro einschließen, keine Anrufe entgegennehmen, keine Mails beantworten und niemanden hineinlassen.

Das ist, mitten im Büroalltag und unangekündigt, gar nicht so einfach. Aber Sie schaffen das.

In Aktion kommen, indem Sie den Gang rausnehmen

Das größte Hindernis auf dem Weg zur Denkpause ist gar nicht der Riesenstapel Arbeit, der gerade vor Ihnen liegt. Auch nicht die Kollegen, die Kunden oder der Chef, die ständig in der Tür stehen, anrufen, Mails schicken.

Das größte Hindernis befindet sich in Ihrem Kopf: Es sind Ihre eigenen Hemmungen, sich die nötige Zeit auch gegen Widerstände zu nehmen. Dieses Hindernis können Sie überwinden. Und zwar mit vier Klettergriffen.

Erster Klettergriff: Wechseln Sie die Perspektive

Warum haben Sie denn Hemmungen, sich eine Denkpause zu nehmen? Doch wohl, weil Sie das Gefühl haben, damit Ihrem Arbeitgeber Zeit zu stehlen. Sie sehen das, was Sie in diesen zwei oder drei Stunden zu tun vorhaben, nicht als echte Arbeit an. Aber wie definiert sich denn Arbeit? Arbeit bedeutet nicht mit möglichst hohem Kraftaufwand herumwuseln. Sondern Dinge bewegen. Dinge bewirken. Wenn Sie also ein paar Stunden investieren, um in Zukunft viel mehr bewirken zu können, dann sind diese Stunden gut investiert. Sie nutzen damit unmittelbar Ihrem Arbeitgeber. Sich selbst auch, aber vor allem Ihrem Arbeitgeber.

Und es ist keineswegs so, dass Sie mit einer anderen Tätigkeit in dieser Zeit noch mehr bewirken könnten. Das haben Sie doch jahrelang ausprobiert, und es hat nicht das gewünschte Ergebnis gebracht. Sie brauchen diese Denkpause also unbedingt. Und zwar jetzt.

Wenn Sie sich das klarmachen, dann können Sie sich innerlich erlauben, die Türe hinter sich abzuschließen. Mehr noch: Es ist nicht nur legitim, es ist sogar Ihre Pflicht. Mit dieser Einstellung kommen Sie schon ein gutes Stück über das Hindernis drüber.

Zweiter Klettergriff: Malen Sie sich das Worst-Case-Szenario aus

Sich selbst haben Sie jetzt überzeugt, dass Ihre Denkpause legitim ist. Haben Sie noch Bedenken, dass andere das vielleicht anders sehen könnten? Dass Kollegen, Kunden oder der Chef sauer werden könnten, wenn ihr Anruf unbeantwortet bleibt? Machen Sie sich Sorgen, dass daraus Konflikte entstehen können?

Falls ja, können Sie diese Sorge relativ einfach entschärfen. Und zwar, indem Sie sich das Worst-Case-Szenario ganz genau ausmalen. Was würde denn passieren, wenn Sie einen halben Tag lang keine Mail beantworten, an keiner Besprechung teilnehmen, nicht ans Telefon gehen?

Würden Sie erschossen? Auf keinen Fall. Entlassen? Sicher auch nicht. Eine Rüge? Ziemlich unwahrscheinlich. Würden Ihre Kollegen Sie tagelang schneiden? Auch nicht.

Das Schlimmste, was passieren könnte, wäre, dass ein Kunde in dieser Zeit ein Angebot anfragt und, weil Sie nicht reagieren, den Auftrag anderweitig vergibt. Aber ehrlich gesagt: So eilig, dass die Antwort nicht drei Stunden Zeit hätte, sind in der Regel nur Kleinigkeiten. Und auf die können Sie zur Not auch verzichten. Bei der Anfrage für einen Großauftrag wird Ihnen der Kunde mindestens einen Tag Zeit geben. Die Antwort auf eine wichtige Anfrage würden Sie sowieso nicht auf die Schnelle zwischen dem 46. und dem 47. von 83 Mails beantworten. Sondern in Ruhe. Es dauert ja allein schon ein paar Stunden, ein aufwändiges Angebot zu erstellen. Dann macht es auch keinen Unterschied, ob Sie sich sofort nach Eingang an die Beantwortung der Mail setzen oder damit ein paar Stunden warten.

Dritter Klettergriff: Die Umsetzung

Bis hierher war das reine Kopfsache: Sie haben sich die Erlaubnis zur Denkpause erteilt. Jetzt kommen Sie zur Umsetzung: Sprechen Sie mit einem Kollegen ab, dass Sie Ihr Telefon für ein paar Stunden auf ihn umstellen können. Irgendjemand wird sich da sicher finden. Sagen Sie den Kollegen bzw. der Vorzimmerdame Bescheid, dass Sie einen Termin haben und nicht zu sprechen sind. Es ist wichtig, dass Sie Ihre Entscheidung kommunizieren. So wird niemand mit bösen Überraschungen konfrontiert. Und vielleicht denkt sich ja der eine oder andere Kollege: Wow, coole Sache, das könnte ich auch mal machen.

So, erledigt. Jetzt gehen Sie zur Türe und schließen sie ab. Ihre Denkpause kann beginnen.

Vierter Klettergriff: Die regelmäßige Denkpause

Eigentlich haben Sie schon mit dem dritten Klettergriff das Hindernis überwunden. Der vierte sorgt dafür, dass diese Leistung kein Einzelfall bleibt: Planen Sie sich immer wieder einen Zeitraum für Kontemplation ein. Denn vielleicht können Sie heute nur einen bestimmten Bereich klären und müssen andere noch offen lassen. Oder die Lösungen, die Sie heute entwickeln, funktionieren in einem oder zwei Jahren unter veränderten Umständen nicht mehr ganz so gut. Auf dem Erreichten können Sie sich niemals ausruhen. Sie brauchen also immer wieder eine Denkpause, um Ihre Arbeitsweisen kritisch zu hinterfragen und noch bessere Lösungen zu finden.

Richten Sie sich einen regelmäßigen Rhythmus ein, der zu Ihrer Arbeitsweise und den Anforderungen Ihrer Branche passt. Ob das einmal pro Woche, einmal pro Monat oder einmal pro Jahr ist, müssen Sie selbst herausfinden. Der Vorteil an diesen regelmäßigen Terminen ist: Sie können Sie im Voraus ankündigen und dafür sorgen, dass in diesen Stunden niemand Sie dringend braucht. Zum Beispiel, indem Sie wichtige Fragen vorher klären oder indem Sie für Vertretung sorgen.

So, jetzt haben Sie den Rahmen für Ihre Denkpause geschaffen. Jetzt geht es darum, sie sinnvoll zu nutzen. Denn natürlich bringt es nicht viel, wenn Sie sich nur hinsetzen und Ihre Gedanken schweifen lassen. Sie müssen Ihnen eine gezielte Richtung geben, damit Sie Ihre Problemfelder identifizieren und Lösungen dafür finden können.

Vier Schritte führen Sie auf den Weg zum Ziel.

Schritt 1: Zeitaufstellung

Als Erstes geht es darum herauszufinden, womit Sie Ihre Zeit im Büro tatsächlich verbringen. Hier können nämlich subjektive Wahrnehmung und tatsächliche Zeitaufteilung weit auseinanderfallen. Ich war früher überzeugt, dass ich höchstens zehn Minuten pro Tag auf Nachrichtenseiten unterwegs war.

Dann schrieb ich mir die Zeiten mal auf, und siehe da: Sie summierten sich auf fast 40 Minuten.

Auf der anderen Seite schimpfte eine meiner Mitarbeiterinnen immer wieder darüber, wie viel Zeit es sie kostete, Unterlagen alphabetisch zu sortieren. Als ich sie aber bat, sich aufzuschreiben, wie lange sie dafür wirklich brauchte, stellte sich heraus: Es waren sieben Minuten am Tag. Damit sparte sie sich aber wahrscheinlich täglich 20 Minuten Suchzeit.

Außerdem kann es Zeitfresser geben, an die Sie im Moment gar nicht denken, weil Sie sie schon ganz automatisch erledigen. Daher lohnt es sich, den Realitäts-Check zu machen.

Legen Sie sich also eine Tabelle an! Beginnend mit dem Zeitpunkt, zu dem Sie morgens das Büro betreten haben, zeichnen Sie viertelstundenweise auf, was Sie wann gemacht haben. Das kann zum Beispiel so aussehen:

Zeit	Tätigkeit
8.15-8.30	Mit Kollegen darüber sprechen, was heute ansteht
8.30-8.45	Mails lesen + beantworten
8.45-9.00	Mails lesen + beantworten
9.00-9.15	Mit Herrn Söbecke über das IT-Projekt telefonieren
9.15-9.30	Büromaterial nachbestellen

usw.

Vielleicht wissen Sie nicht mehr alles im Detail. Einen Überblick werden Sie aber zusammenbekommen.

Am besten sammeln Sie diese Daten nicht nur für den aktuellen Tag, sondern für die ganze vergangene Woche, falls das noch möglich ist. Oder Sie schreiben die kommende Woche einfach mal mit. Eine Woche ist normalerweise – wenn es sich nicht gerade um die eine Messewoche im Jahr handelt – recht repräsentativ für Ihr gesamtes Tätigkeitsspektrum.

Jetzt könnten Sie meinen, dass das Pflegen dieser Tabelle ja nun wirklich Bürokram par excellence ist. Aber schon vor hunderten Jahren hieß es: „Heile Gleiches mit Gleichem!" Außerdem ist ein wichtiges Erkennungsmerkmal von Bürokram, dass er sich Ihnen andauernd vor die Füße legt. Die Liste, die Sie nun führen, ist dagegen eine Ausnahmetätigkeit, die Sie sich normalerweise nicht aufbürden. Ich meine, diese Zeitinvestition lohnt sich.

Okay, jetzt haben Sie sich einen detaillierten Überblick darüber verschafft, was Sie wann wie lange tun. Was machen Sie jetzt damit? Naheliegend wäre es, die Tätigkeiten zu Themengruppen zusammenzufassen, wie „Mails“, „Telefonate“, „Meetings“, „Aufräumen“ etc. Bitte tun Sie das nicht! Denn damit würden Sie sich eine wertvolle Erkenntnisquelle verstopfen. Bei einer solchen Zusammenfassung bliebe nämlich völlig außer Acht, ob die Tätigkeit im Einzelfall sinnvoll war oder nicht.

Das prüfen Sie mit dem zweiten Arbeitsschritt.

Schritt 2: Zielerfassung

Als nächstes fügen Sie Ihrer Tabelle eine weitere Spalte hinzu. Dort tragen Sie ein, was Sie mit der jeweiligen Tätigkeit eigentlich erreichen wollten. Oft werden Sie feststellen, dass Sie mehrere Ziele gleichzeitig verfolgen. Wenn Sie Ihren Schreibtisch aufgeräumt haben, haben Sie das einerseits aus ästhetischen Gründen gemacht, nämlich um am nächsten Tag eine freie Oberfläche vor sich zu sehen, wenn Sie das Büro betreten. Außerdem wollten Sie alte Unterlagen aussortieren, damit Sie die aktuellen Sachen schneller finden und weniger Zeit mit Wühlen und Suchen verbringen müssen. Vielleicht war noch ein Nebenaspekt, Kollegen und dem Chef das Signal zu geben, dass Sie gut organisiert sind. Oder Sie erwarten Kundenbesuch und möchten sich gut präsentieren.

Sie können ruhig mehrere Ziele pro Tätigkeit in die Tabelle eintragen. Das ist realistischer, als sich künstlich auf eins zu beschränken. Die nächste Spalte in der Tabelle braucht also etwas mehr Platz, etwa so:

Zeit	Tätigkeit	Ziel
8.15-8.30	Mit Kollegen darüber sprechen, was heute ansteht	Die Arbeitszeit sinnvoll nutzen; Beziehungen pflegen
8.30-8.45	Mails lesen + beantworten	Projekte voranbringen; Beziehungen pflegen
8.45-9.00	Mails lesen + beantworten	Projekte voranbringen; Beziehungen pflegen

Zeit	Tätigkeit	Ziel
9.00-9.15	Mit Herrn Söbecke über das IT-Projekt telefonieren	Einen Kompromiss zwischen Funktionalität und Kosten finden
9.15-9.30	Büromaterial nachbestellen	Alle können reibungsfrei arbeiten

Schritt 3: Soll-Ist-Abgleich

Im nächsten Schritt überprüfen Sie, welche Ihrer Ziele Sie erreicht haben und welche nicht. Zu diesem Zweck – Sie haben es erraten – fügen Sie Ihrer Tabelle eine weitere Spalte hinzu. Natürlich hätte ich auch gleich schreiben können, dass Sie eine Tabelle mit vier Spalten anlegen sollen. Aber dann wäre es weniger spannend gewesen. Sehen Sie mir diese kleine Inszenierung bitte nach.

In die vierte Tabellenspalte tragen Sie ein, was Sie mit Ihrer Tätigkeit tatsächlich erreicht haben. Das sieht in etwa so aus:

Zeit	Tätigkeit	Ziel	Was erreicht?
8.15-8.30	Mit Kollegen darüber sprechen, was heute ansteht	Die Arbeitszeit sinnvoll nutzen; Beziehungen pflegen	Beziehung gefestigt
8.30-8.45	Mails lesen + beantworten	Projekte voranbringen; Beziehungen pflegen	nichts
8.45-9.00	Mails lesen + beantworten	Projekte voranbringen; Beziehungen pflegen	Projekt A vorangebracht, aber Beziehung zum Zulieferer hat durch ungeduldigen Tonfall gelitten.
9.00-9.15	Mit Herrn Söbecke über das IT-Projekt telefonieren	Einen Kompromiss zwischen Funktionalität und Kosten finden	Festgestellt, dass wir erst mal intern klären müssen, welche Funktionen wir brauchen.
9.15-9.30	Büromaterial nachbestellen	Alle können reibungsfrei arbeiten.	Kaum war die Bestellung draußen, hat Frau Maier gesagt, dass sie Schnellhefter statt Aktenmappen braucht.

Das Ergebnis Ihres Soll-Ist-Abgleichs kann ernüchternd sein. Oft werden Sie feststellen müssen: Bestimmte Tätigkeiten haben nur zu einem der angestrebten Ziele beigetragen – oder sogar zu gar keinem. Im schlimmsten Fall war eine Tätigkeit sogar kontraproduktiv: Sie haben sich damit den geradesten Weg zum Ziel blockiert und müssen nun mühsam anfangen, den Schutt beiseite zu räumen oder einen anderen Weg zu suchen. Das kann zum Beispiel der Fall sein bei einer ungeschickt formulierten Mail, die einen Projektteilnehmer so sehr verärgert, dass Sie Zeit investieren müssen, um wieder gut Wetter zu machen – oder im schlimmsten Fall jemand anderen zu finden, der dessen Aufgaben übernimmt. Oder bei der Büromaterialbestellung, bei der sich herausstellt, dass Sie zwar den Schrank gefüllt haben – aber mit Material, das niemand braucht. Dafür haben die Kollegen immer noch nicht die Hilfsmittel, die sie benötigen, um wirklich gut arbeiten zu können.

Wenn Sie einen bestimmten Tag betrachten, fallen Ihnen einzelne Tätigkeiten auf, die im Grunde sinnlos oder kontraproduktiv waren. Wenn Sie aber eine ganze Woche im Überblick betrachten, werden Sie Gemeinsamkeiten feststellen. Bestimmte Aufgaben, bei denen Sie immer wieder nicht das erreichen, was Sie wollten. Bestimmte Tätigkeiten, die offenbar so, wie Sie sie zurzeit angehen, nicht sinnvoll sind.

Jetzt wäre es einfach zu sagen: Lassen Sie diese Tätigkeiten weg, und schon haben Sie den lästigen Bürokram ausgemerzt. Schon können Sie sich auf die Aufgaben konzentrieren, die Sie Ihren Zielen wirklich näher bringen. Oder: Suchen Sie für die Aufgaben, bei denen Sie Ihre Ziele kaum je erreichen, eine sinnvollere Art, sie zu erledigen.

Schön wär's, wenn damit alle Probleme gelöst wären. So einfach ist das aber leider nicht.

Schritt 4: Problembekämpfung statt Symptombehandlung

Einfach nur sinnlose Tätigkeiten zu meiden wäre nichts anderes als Symptombehandlung. Sie kennen das vom Zahnarzt: Wenn Sie Karies haben, kann er Ihnen noch so viele Schmerztabletten verschreiben. Die machen Ihre Zahnschmerzen für eine Weile erträglich, aber nach kurzer Zeit melden sie sich umso quälender zurück. Der Zahn hört erst zu rumoren auf, wenn der Entzündungsherd beseitigt und das Loch gefüllt ist. Noch besser ist natürlich: sich von vornherein um die Zähne kümmern, so dass erst gar kein Loch entsteht.

Symptombehandlung verlagert die Probleme nur, ohne sie zu beseitigen. Statt der ausgemerzten sinnlosen Tätigkeiten greift man zu anderen, die nicht wesentlich produktiver sind. Die neue Art, eine bestimmte Aufgabe anzugehen, erweist sich innerhalb kurzer Zeit ebenfalls als Sackgasse.

Das ist deswegen so, weil die sinnlose Tätigkeit nicht das Problem ist. Sondern nur das Symptom für ein tieferliegendes Problem. Sie sind ja nicht blöd. Wenn es eine Bürotätigkeit gibt, die immer wieder unnötig viel Zeit frisst, und Sie tun sie trotzdem – dann hat das einen Grund.

Auch wenn ich gesagt habe, dass die Gründe für ärgerlichen Bürokram in den äußeren Umständen liegen und nicht in Ihnen: Möglicherweise gibt es ja doch bestimmte Verhaltensmuster, mit denen Sie bisher diese Ursachen gefördert, sie jedenfalls nicht ausreichend bekämpft haben. Diese Verhaltensmuster sind deswegen so wirksam, weil ihnen eine positive Absicht zugrunde liegt. Sie wollen mit dieser Verhaltensweise etwas Gutes bewirken. Dumm nur, dass das Muster eine eingebaute Fehlkonstruktion enthält, die bewirkt, dass statt dem angestrebten Nutzen Schaden entsteht. Dumm außerdem, dass dieser angestrebte Nutzen und die Methode, mit der Sie ihn erreichen wollen, in der Regel unbewusst bleibt. Denn sobald Sie sich die Sache bewusst machen, bemerken Sie, dass und warum das Verhaltensmuster kontraproduktiv sein muss.

6. SCHLÜSSEL

Erkennen Sie die destruktiven Muster, die Zeitvergeudung im Büro verursachen.

Wie können Sie die Sache also angehen, um destruktive Verhaltensmuster zu identifizieren und in den Griff zu bekommen? Grundsätzlich: Überlegen Sie sich, welchen Nutzen die scheinbar sinnlose Tätigkeit vielleicht für Sie haben könnte. Einen Nutzen, der auf einer ganz anderen Ebene liegt als Ihre Arbeitsziele.

Ich habe an mir selbst und an Kollegen vor allem folgende drei Muster beobachtet:

Das Hansdampf-Syndrom

Das Meeting zur Besprechung der Parkplatzsituation? Da werde ich gebraucht! Die Mail des Kollegen an den Lagerverwalter, bei der er mich auf cc gesetzt hat? Mein Kommentar dazu ist genau der fehlende Baustein, der dem Kollegen hilft, das Problem zu lösen. Die Besprechung des Projektteams, in dem ich zwar selbst keine operative Rolle habe, aber für das ich zwei von meinen Mitarbeitern freistelle? Kann ohne mich nicht stattfinden, ich muss doch wissen, was läuft!

Es gibt in jedem Unternehmen eine oder mehrere Personen, die versuchen, überall mit dabei zu sein. Bei allem, was läuft, haben sie ihre Finger mit im Spiel. Bei jeder Besprechung melden sie sich zu Wort, egal ob sie etwas zu sagen haben oder nicht. Hansdampf in allen Gassen.

Dem liegt ein soziales Bedürfnis zugrunde: wichtig sein. Den anderen einen Nutzen zu stiften und selbst dafür anerkannt zu werden. Nur führt leider die ständige Einmischung in alles, was gerade läuft, eher zum Gegenteil: Der Wichtigtuer wird belächelt. Oft fällt er den anderen sogar lästig. Und obwohl er permanent rödelt, bewirkt er für die Abteilungsziele kaum etwas. Ja, er bremst sie sogar aus. Weil er Zeit für seine Selbstdarstellung verbraucht und weil er andere bei der Erfüllung ihrer Aufgaben behindert, da er sich unmöglich mit allem, was vor sich geht, auskennen kann. Er will seine Wichtigkeit demonstrieren – und beweist stattdessen seine Unwichtigkeit.

In der Extremform sind Hansdampfe zum Glück selten. Aber ich habe mich selbst schon dabei ertappt, wie ich zu irgendeiner Diskussion einen Beitrag geliefert habe, nur um auch etwas dazu zu sagen. Wie ich zu einem Meeting gegangen bin, einfach weil sich dort das ganze Team versammelt und ich mich nicht ausklinken wollte – obwohl ich zum konkreten Thema gar nicht viel zu sagen hatte. Vielleicht passiert Ihnen das ja auch ab und zu. Also: Augen auf, und bei jeder Aufgabe, die Sie übernehmen, hinterfragen: Werde ich dort wirklich gebraucht? Oder würde ich nur gerne gebraucht?

Die Alles-sofort-erledigen-Falle

Jede Mail wird mit einem Piepton angezeigt. Egal, was gerade sonst auf dem Programm steht – die Arbeit wird unterbrochen, die Mail gelesen und wenn möglich sofort beantwortet. Alle Projekte sind mit engmaschigen Zwischenschritten geplant, sodass eine wahre Deadline-Schlacht entbrennt. Jeder, der zur Türe hereinkommt, bekommt die volle Aufmerksamkeit. Wer darum bittet, dass man „mal schnell eben" eine kleine Aufgabe übernehme, wird nicht abgewiesen.

Auch diesem destruktiven Muster liegt ein soziales Bedürfnis zugrunde: niemanden enttäuschen. Wer diesem Muster folgt, kann einfach nicht Nein sagen. Jede Aufgabe, die an ihn herangetragen wird, und sei es nur die Beantwortung einer E-Mail, übernimmt er sofort. Hilfsbereitschaft ist eine Tugend. Aber wer sie zu weit treibt, macht sie sinnlos. Denn die Aufgabe, die er gerade eben so hilfsbereit übernommen hat, wird sofort beiseitegeschoben, sobald der nächste kleine Gefallen gefordert wird. Im Endeffekt bleibt alles liegen. Oder die wirklich wichtigen Dinge bleiben liegen, während man sich um Unwichtiges kümmert.

Überprüfen Sie also bei jeder Aufgabe, die Sie neu übernehmen: Ist sie wirklich wichtiger und dringender als die Aufgaben, die Sie schon haben? Hat sie einen sachlichen Zweck oder vielleicht doch nur den, andere Menschen nicht zu enttäuschen? Kann ihre Erledigung vielleicht warten?

Die Rückversicherungsmanie

Ich kenne ein Familienunternehmen, in dem ein Angestellter im Einkauf einmal versehentlich die falschen Daten in das SAP-System eingegeben hatte. Weil die Unternehmensführung kurz zuvor beschlossen hatte, keine Fehler mehr zu dulden, wurde er sofort nach draußen eskortiert. Mit einem Karton in den Armen, der seine persönlichen Habseligkeiten enthielt.

Ein Exempel war statuiert worden. Und dieses Exempel zeigte Wirkung. Von da sicherten sich die übrigen Mitarbeiter bei jeder Bewegung ab. Bevor sie irgendetwas taten, schickten sie eine Mail an den Chef: „Ist es okay, wenn ich …?" – „Die Situation ist so und so. Ich habe jetzt mehrere Handlungsmöglichkeiten, was soll ich tun?" Ohne das Placet des Chefs lief nichts mehr. Sämtliche Abläufe im Unternehmen stockten.

Die Fehlervermeidungskultur in Unternehmen kann noch andere Formen annehmen: Formulare und vorgeschriebene Arbeitsabläufe werden ungeheuer wichtig. Mehr Arbeitszeit wird mit dem Ausfüllen von Berichten als mit der eigentlichen Arbeit verbracht. Alle Informationen werden so weit wie möglich verbreitet: PDFs werden ins Firmennetzwerk hochgeladen, Mails werden als cc an die ganze Abteilung geschickt. Alles, damit man im Zweifelsfall sagen kann: Aber das wussten Sie doch! Ist nicht meine Schuld, wenn niemand „Stopp!" gerufen hat! Bevor irgendein neues Konzept erarbeitet, irgendein Plan geschmiedet wird, sucht man das Ganze wissenschaftlich abzusichern. Wissenschaftliche Marktforschung, statt mit den Kunden zu reden. Studien statt ausprobieren. Vorbeugen statt handeln.

Diesem Verhaltensmuster liegt das Bedürfnis nach Risikovermeidung zugrunde. Man will nicht riskieren, Schaden anzurichten. Vor allem will man vermeiden, für Fehler zur Verantwortung gezogen zu werden. Angst um den eigenen Arbeitsplatz oder zumindest um die Beförderung regiert. Das Dumme ist nur, dass sie jede Kreativität, jede Handlungskraft blockiert. Dadurch wird im Extremfall der Fortbestand des Unternehmens gefährdet – und der eigene Arbeitsplatz erst recht unsicher.

Überprüfen Sie also: Halten Sie bei manchen Aufgaben unnötig viele Rücksprachen, informieren Sie unnötig viele Personen oder werden Sie von anderen Personen unnötigerweise informiert?

Das Hansdampf-Syndrom, die Alles-sofort-erledigen-Falle, die Rückversicherungsmanie – das sind die häufigsten drei destruktiven Muster, die mir begegnen. Die Liste ist ohne Anspruch auf Vollständigkeit. Vielleicht fallen Ihnen noch weitere solche Muster auf. Sie alle haben eins gemeinsam: Sie erreichen das Gegenteil dessen, was sie bezwecken.

Wenn Sie solche Muster in Ihrem Arbeitsleben identifiziert haben, können Sie sich daranmachen, sie auszumerzen. Und durch sinnvollere Verhaltensweisen und Arbeitsabläufe zu ersetzen.

Feierabend

Uff, das war viel auf einmal! Jetzt haben Sie sich ein Bier verdient. Oder ein Glas Wein oder eine Apfelschorle, wenn Ihnen das lieber ist.

Auf jeden Fall ist jetzt der Zeitpunkt, um noch einmal zusammenzufassen, was Ihnen der Montag an Erkenntnisgewinn gebracht hat.

- Bürokram hindert Sie daran, Ihre Arbeitsziele zu erreichen.
- Sie selbst müssen das Heft in die Hand nehmen.
- Effektivität heißt, die richtigen Dinge zu tun; Effizienz heißt, die Dinge richtig zu tun. Kümmern Sie sich zuerst um Effektivität!
- Sie müssen nicht sich selbst ändern, sondern die Umstände.
- Sie brauchen eine Pause, um nachzudenken. Erlauben Sie sich die!
- Identifizieren Sie die destruktiven Verhaltensmuster.

Ihre Denkpause haben Sie gezielt genutzt, um Ihren Arbeitsalltag in vier Schritten gründlich zu analysieren. Sie haben:

1. eine Zeitaufstellung gemacht;
2. die Ziele jeder Tätigkeit bestimmt;
3. einen Soll-Ist-Abgleich durchgeführt; und
4. die zugrundeliegenden Verhaltensmuster identifiziert.

Damit haben Sie Ihre Probleme identifiziert. Der nächste Schritt besteht darin, deren eigentliche Ursache herauszufinden. Denn erst wenn Sie die kennen, können Sie den Hebel für die nachhaltige Lösung gezielt ansetzen. Diesen Hebelpunkt zu markieren ist die Aufgabe für den Dienstag.

Dienstag: Woher kommt der Mist eigentlich?

Da stehen sie klar und deutlich auf dem Papier: die Bürokram-Probleme, die Sie gestern, am Montag, identifiziert haben. Das kann zum Beispiel so aussehen:

Meine persönlichen Zeitfresser

- Leuten hinterhertelefonieren, die schwer zu erreichen sind
- Teamsitzungen, die von Wichtigtuern als Bühne missbraucht werden und kein Ergebnis bringen
- cc-Mails
- Druckerpapier, das immer alle ist, wenn ich etwas drucken will
- Die ausgeleierten Ordner, bei denen die Unterlagen immer wieder aus der Klammer rutschen und neu sortiert werden müssen
- Auf ein Fünf-Minuten-Koordinationsgespräch, ohne das ich nicht vernünftig weiterarbeiten kann, einen halben Tag zu warten
- Die Geschäftsreise schnell mal eben selber buchen
- Fast eine Stunde damit zubringen, das Hotel mit dem besten Preis-/Leistungsverhältnis zu finden

Und darunter stehen die destruktiven Verhaltensmuster, die Sie dazu verleiten, immer wieder auf dieselben Zeitfresser hereinzufallen. Am Montag haben Sie sie kennen gelernt.

Sie brauchen mir nicht zu verraten, ob Sie bei sich eine Neigung zum Hansdampf-Syndrom, zur Rückversicherungsmanie oder zur Alles-sofort-erledigen-Falle entdeckt haben. Oder ob einer Ihrer Kollegen oder Ihr Chef solche Symptome zeigt und den daraus resultierenden Bürokram großzügig an Sie weiterverteilt, ohne dass Sie sich richtig dagegen wehren können. Ist ja Ihre Sache. Mein Job ist es, Ihnen zu zeigen, wie Sie diese Probleme ein für allemal loswerden. Dazu muss ich gar nicht so genau wissen, wie Ihr Problem im Einzelnen aussieht. Ich biete Ihnen keine Einzelfall-Lösung, sondern eine Methode, wie Sie für jedes Problem, wie auch immer es genau aussehen mag, die passende Lösung finden können.

Falls Sie denken, ich erkläre Ihnen jetzt lang und breit, wie Sie Ihre destruktiven Verhaltensmuster ablegen können: Nein, das habe ich nicht vor. Damit vergeude ich doch nicht meine und Ihre Zeit. Denn erstens verlieren diese Muster ohnehin an Macht über Sie, sobald Sie sich darüber im Klaren sind, worin sie bestehen und wie kontraproduktiv sie sind. Und zweitens ist sie loszuwerden noch nicht die Lösung Ihrer Bürokram-Probleme. Sondern es gibt Ihnen nur die Ausgangsbasis, die Sie brauchen, um Ihrem Bürokram endgültig an den Kragen zu gehen. Und ich meine endgültig! So, dass Ihre Zeitfresser keine Chance haben, sich wieder in Ihren Büroalltag zurück zu schleichen.

Zeitfresser, der: Parasitäre Unterart der Gattung Bürotätigkeit, die sich als produktiver Arbeitsablauf tarnt, im Gegensatz zu diesem aber keinerlei Nutzen bringt. Ebenso wie Kuckucke werden Zeitfresser in der Regel von außen ins Nest geschmuggelt. Anfangs klein und niedlich, wachsen sie stark und nehmen rasch jeden verfügbaren Raum ein. Ihre Wachstumsphase ist nie abgeschlossen – sobald sich irgendwo ein neuer Freiraum eröffnet, füllen sie ihn innerhalb weniger Tage aus. Charakteristisches Merkmal: aufdringliches Betteln um Aufmerksamkeit.

Es hilft alles nichts, Sie müssen Ihre Zeitfresser radikal loswerden. Scheinlösungen, bei denen sich die Biester nach kurzer Zeit zurückmelden und noch einen ganzen Schwarm kleiner Zeitfresserchen mitbringen, hatten Sie schon genug. Ich auch.

Zum Beispiel habe ich mich in meiner Zeit als Verkäufer immer wieder darüber geärgert, dass ich meine Ansprechpartner telefonisch einfach nicht erreicht habe. Ich bekam nur die Sekretärin an den Hörer: „Herr Reinke ist zurzeit nicht am Platz / in einer Besprechung / auf Geschäftsreise / in Urlaub … ja, ich schreibe ihm eine Notiz und er wird Sie dann zurückrufen!“ Oder es ging gleich nur der Anrufbeantworter dran, dessen Ansage mir versprach, dass Herr Reinke mich zurückrufen würde, wenn ich meine Telefonnummer und mein Anliegen hinterließe. Tat er aber nicht. Also rief ich noch ein zweites, drittes, viertes Mal bei Herrn Reinke an, bis ich ihn endlich mal an die Strippe bekam. Aufgeben war nicht drin, es war schließlich mein Job, mit ihm zu verhandeln. Aber dieser ganze Zeitaufwand fürs Hinterhertelefonieren war äußerst frustrierend. Also machte ich Pläne, wie ich meine Trefferquote erhöhen könnte: Ich schickte meinen Ansprechpartnern vorab Mails mit Vorschlägen für einen Telefontermin. Gut gedacht, aber kaum einer antwortete darauf. Nach mehrmaligem Nachbohren und langem Hin und Her kam vielleicht bei der Hälfte der Zielpersonen ein Termin zustande. Wenn ich dann anrief, hörte ich oft doch nur das Besetztzeichen oder ein „Oh, tut mir leid, Herr Reinke ist leider immer noch in der Besprechung, die sollte eigentlich seit einer Viertelstunde beendet sein." Also war alles beim Alten.

Als nächstes versuchte ich es damit, die Leute auf dem Handy anzurufen. Damit erwischte ich sie zwar öfter. Und zwar beim Autofahren. In Geschäftsbesprechungen. Mit vollem Mund in ihrer Mittagspause. Beim Joggen. Während sie gerade ihrer Frau versprachen, dass sie in Zukunft mehr Zeit für die Familie aufbringen würden. Beim Fünf-Minuten-Powernapping. Sie können sich vorstellen, wie begeistert meine Geschäftspartner in diesen Situationen auf meinen Anruf reagierten.

Dann versuchte ich es mit extremen Arbeitszeiten: Ich war schon vor sieben Uhr im Büro und ließ die Telefonleitung heiß laufen in der Hoffnung, auf einen anderen Frühaufsteher zu stoßen. Mittags machte ich eine lange Pause und absolvierte dann nach 20 Uhr die nächste Telefonrunde auf der Suche nach den Spätarbeitern. Deren Meetings sollten bis dann ja hoffentlich beendet sein. Aber die Trefferquote war trotzdem ziemlich gering; außerdem reservierten sich die Früh- und Spätarbeiter die Randzeiten extra, um ein paar Stunden ohne Störung arbeiten zu können, und waren über das Telefonklingeln not amused.

Mein letzter Lösungsversuch war technischer Art: Power Dialling. Dabei werden automatisch zehn Telefonnummern gleichzeitig gewählt. Wenn die Leitung bei einer davon besetzt ist, versucht das System es bei der nächsten Nummer im Verzeichnis. Sobald irgendeiner der Anrufe durchkommt und am anderen Ende der Klingelton zu hören ist, werden die anderen Wahlversuche unterbrochen. Auf diese Weise sparte ich mir die Zeit fürs Neuwählen.

Aber dass ich an einer Sekretärin oder einem Anrufbeantworter hängenblieb, passierte mir immer noch genauso oft wie vorher.

Alle Lösungsversuche liefen also ins Leere. Nichts besserte sich. Ich investierte viel Energie, scheiterte aber immer wieder an denselben Hürden. Bis mir irgendwann klarwurde: Ja, ich hatte verschiedene Lösungsmöglichkeiten gesucht, aber sie setzten alle an derselben Stelle an. Ich hatte also nur mehr vom Gleichen versucht. Sinnlos. Beim Zähneputzen erreichen Sie ja auch keine besseren Ergebnisse, nur weil Sie fester aufdrücken.

Der Knackpunkt war: Ich hatte gar nicht am eigentlichen Problem angesetzt. Sondern nur an seinem Symptom.

MOMENT MAL!
Oft halte ich im ersten Moment die Symptome eines Problems für das Problem selbst.

Darauf kam ich erst, als ich anfing, mich in die Situation meiner Ansprechpartner zu versetzen. Klar: Die werden dauernd angerufen von jemandem, der etwas von ihnen will. Geht mir ja auch so. Ich habe bis zu 20 Rückrufwünsche am Tag. Die klappere ich doch nicht alle ab, da wäre der Tag ja schon halb rum! Also überlege ich mir genau, wen davon ich anrufe. Das sind diejenigen, bei denen ich mir am meisten von dem Telefonat verspreche.

Das eigentliche Problem war also nicht, dass ich nie jemanden erreichte. Sondern dass meine Geschäftspartner sich vom Telefonat mit mir nicht viel versprachen. Sonst hätten sie sich die Zeit dafür genommen. Dabei war ich davon überzeugt, dass ich ihnen durchaus einiges zu bieten hatte. Ein Geschäft zum beiderseitigen Vorteil. Ich hatte das bisher nur viel zu spät, nämlich erst beim Verkaufsgespräch, rübergebracht.

Also habe ich meine Problemstellung umgedreht. Nicht: Wie erreiche ich meine Ansprechpartner? Sondern: Wie schaffe ich es, dass meine Ansprechpartner von mir erreicht werden wollen – unbedingt? So sehr, dass sie auch zurückrufen, wenn ich sie nicht erwische?

Das war eine ganz neue Angriffsschiene. Und auf einmal lag die Lösung auf der Hand: Ich muss mir vor dem ersten Anruf überlegen, was die Bedürfnisse meines Gesprächspartners sind und was ich dazu beitragen kann, sie zu erfüllen. Das muss ich ihnen dann verklickern. Damit ich dazu eine Chance bekomme, habe ich von da an vor jedem Anruf eine Mail geschickt, nicht mehr im Stil von: „Ich hätte gerne einen Termin, bitte bitte“, sondern im Stil von: „Ich habe da was für Sie, das Ihnen folgenden Vorteil bietet … Interesse?“ Und auf einmal habe ich Telefontermine bekommen, ja, ich wurde sogar angerufen!

Gut, ich gebe zu: Das war jetzt ein Spezialfall für Verkäufer. Aber auch in anderen Bereichen hilft es, mal von der anderen Seite an die Sache heranzugehen. Mit einer neuen Betrachtungsweise kommen Sie vielleicht vom Symptom zum eigentlichen Problem.

Wenn Sie zum Beispiel immer wieder Ihren Wochenplan nicht schaffen, dann können Sie als Problem identifizieren: Ich bekomme in meiner Arbeitszeit nicht genug gebacken. Dafür finden Sie Lösungen wie: Zeitmanagement lernen. Abends so lange bleiben, bis alles erledigt ist. Oder morgens früher aufstehen und als Erster im Büro sein, damit Sie Ihre Aufgaben ohne Ablenkung abarbeiten können, solange Sie noch frisch sind. Nach einer Weile werden Sie feststellen, dass Sie völlig erschöpft sind – und immer noch nicht Ihren Wochenplan schaffen. Denn sobald Sie mal fünf Minuten lang entspannt an Ihrem Schreibtisch sitzen, weil Sie sich durch hervorragendes Zeitmanagement ein wenig freigeschaufelt oder Ihre Freizeit investiert haben, um berufliche Aufgaben abzuarbeiten, kommt bestimmt irgendjemand auf Sie zu: „Ach, Sie haben gerade wenig zu tun? Dann können Sie bestimmt doch mal schnell …“ Und wenn Sie nicht sofort abwehren, haben Sie eine weitere Aufgabe am Hals, die Sie wahrscheinlich mehr Zeit kostet, als Sie zuvor eingespart hatten.

Besser wird das erst, wenn Sie den Spieß umdrehen und sagen: „Offenbar habe ich mehr auf meinem Wochenplan stehen, als ich schaffen kann. Wie kann ich die Zahl der Aufgaben reduzieren?“ Dann fällt Ihnen bestimmt eine ganz andere Lösungsmöglichkeit ein: unwichtige Aufgaben weglassen. Und gegenüber Kollegen und Vorgesetzten Rückgrat zu zeigen und zu sagen: „Nein, diese neue Aufgabe übernehme ich nicht, weil meine anderen Aufgaben wichtiger sind, im Interesse des ganzen Unternehmens.“

Das, was auf den ersten Blick wie das Problem aussieht, ist in Wirklichkeit also nur ein Symptom. Sich damit zu beschäftigen hieße, sich mit dem falschen Problem abzumühen. Deswegen kommen Sie nie zu einem Ergebnis. Da tut es gut, innezuhalten und sich klarzumachen:

MOMENT MAL!

Manchmal arbeite ich mich am völlig falschen Problem ab.

Das ist ermüdend und frustrierend. Aber noch nicht das Schlimmste. Das wirklich Üble ist, dass Lösungen fürs falsche Problem die eigentliche Lösung auf die lange Bank schieben. Denn Sie arbeiten sich an der falschen Stelle ab; die Lösung, die Sie für das falsche Problem entwickeln, ist notwendigerweise eine Scheinlösung. Das eigentliche Problem dagegen bleibt unbehandelt. Und jedes Problem, das ignoriert wird, wächst und wird größer. Ganz von alleine.

Im Extremfall kann das sogar Menschenleben kosten. Gut, im Büro nicht unbedingt. Dort sind die Folgen „nur“ ärgerlich, zeit- und kostenfressend. Im schlimmsten Fall geht das Unternehmen ein, aber selten ein Mensch. Da draußen, im „richtigen Leben“ dagegen, zum Beispiel in einem Krankenhaus, im Straßenverkehr oder in einem Kernkraftwerk, sind Scheinlösungen lebensgefährlich. Auch in der Geschichte gibt es dafür genügend Beispiele.

•••••••••

Vorhang auf. Eine Szene am Hof von Queen Victoria, 1839. Die junge Königin sitzt auf einem eleganten Sessel; vor ihr steht eine ihrer Hofdamen.

Queen Victoria, streng: „Lady Hastings, haben Sie mir etwas zu sagen?“

Lady Hastings, verwundert: „Nein, meine Königin.“

Queen Victoria: „Dann muss ich wohl deutlicher werden. Baronin Lehzen und mir ist aufgefallen, dass Sie in letzter Zeit morgens öfter unwohl sind. Und nun scheint es, als ob Ihr Kleid zunehmend eng sitzt … Lady Hastings, erwarten Sie ein Kind?“

Lady Hastings: „Nein, wie sollte das möglich sein? Ich bin doch unverheiratet!“

Queen Victoria: „Ja, eben! Hören Sie, ich meine es gut mit Ihnen. Heiraten Sie Ihren Verführer, bevor die Gerüchte sich mehren! Nennen Sie mir seinen Namen, auf mein Wort wird er hören.“

Lady Hastings: „Aber meine Königin, ich bin wirklich nicht … ich habe nie … ich kenne keinen Mann in der Art, wie Sie andeuten!"

Queen Victoria steht auf: „Ihr angeschwollener Leib sagt da etwas anderes. Wenn Sie nicht bereit sind, die Sache wieder in die von unserer Kirche und unseren Gesetzen sanktionierte Bahn zu lenken, dann sollten Sie jetzt besser gehen. Ich kann nicht meinen Ruf gefährden, indem ich die Sünde an meinem Hof dulde!"

Lady Hastings weinend ab.

••••••••

Das Gespräch ist fiktiv, aber Lady Hastings und den Verdacht Queen Victorias, dass sie ein uneheliches Kind erwarte, hat es wirklich gegeben. Sie deswegen vom Umgang mit der Queen auszuschließen war eine klassische Scheinlösung. Ein halbes Jahr später starb Lady Hastings. Bei der Obduktion zeigte sich: Sie hatte einen Lebertumor, der ihren Leib anschwellen ließ. Vielleicht hätten die Ärzte ihr noch helfen können, wenn sie früher gemerkt hätten, dass die Dame nicht schwanger war, sondern schwer krank.

Scheinlösungen verhindern eine echte Lösung des Problems. Möglicherweise trägt Ihre Scheinlösung sogar dazu bei, das Problem zu verschlimmern!

So wie bei einem großen Konzern, der früher ein Staatsunternehmen mit Monopolstellung war und nach der Liberalisierung des Marktes immer noch eine extrem starke Marktposition innehatte. Dieses Unternehmen war es gewohnt, mit zahlreichen Subunternehmern zusammenzuarbeiten und diesen die Konditionen mehr oder weniger zu diktieren. So weit, so gut.

Nun passierte es einmal, dass eins der Subunternehmen ohne Vorwarnung Pleite ging. Auf einmal schwappte eine Welle von Problemen über den ehemaligen Monopolisten hinweg: In der Region, die von diesem Subunternehmer bedient worden war, mussten alle Kundenaufträge auf unbestimmt vertagt werden. Und die Mitarbeiter des Subunternehmens versuchten sich im Konzern einzuklagen mit dem Argument, sie seien doch früher schon praktisch ausschließlich für ihn tätig gewesen.

Diese unmittelbaren Probleme wurden irgendwie gelöst. Aber sie taten weh genug, dass der Konzern sich sagte: „So etwas passiert uns nie wieder!"

Um eine Wiederholung zu verhindern, wurde beschlossen, alle Subunternehmen auf Herz und Nieren zu überprüfen. Der Konzern beauftragte ein Buchprüfungsunternehmen, das nach und nach alle Subunternehmer besuchen und deren Liquidität überprüfen sollte. Erst wenn klar was, dass man sich keine Sorgen um eine mögliche Pleite des Subunternehmens machen musste, durften dem wieder Aufträge erteilt werden. Wenn ein Subunternehmen sich nicht so tief in die Karten schauen lassen wollte, war es sofort draußen.

Ganz abgesehen von der grenzwertigen Legalität dieses Vorgehens bekam der Konzern ein massives Zeitproblem. Denn es waren Hunderte Subunternehmen und ein relativ kleines Buchprüfungsunternehmen. Das brauchte fast ein halbes Jahr, um durchzukommen. Manche Subunternehmer warteten also Monate auf den Stempel, der besagte, dass sie wieder Aufträge vom Konzern bekommen konnten. Monate, in denen der Haupt-Auftraggeber wegfiel. Da blieb ihnen gar nichts anderes übrig, als sich neue Kunden zu suchen, wenn sie nicht gerade durch die Vorsichtsmaßnahme des Konzerns insolvent gehen wollten. Wenn dann das Siegel da war, hatten die Subunternehmen gar nicht mehr so viele Kapazitäten frei für den Konzern. Er konnte seine Kunden kaum noch beliefern. Das heißt diejenigen, die sich nicht eh schon einen anderen Anbieter gesucht hatten, weil sie nicht monatelang warten wollten. Jetzt sprangen weitere ab. Der Konzern verlor massiv Kunden, Umsätze und Vertragspartner. Die Maßnahme, mit der er sich gegen Verluste absichern wollte, ging also voll nach hinten los. Seine Kontrollwut schuf erst die Probleme, die sie eigentlich verhindern sollte.

Noch ein paar Kostproben gefällig, welche Wirkung eine Scheinlösung haben kann?

Problem: Hohe Ausschussquoten kosten das Unternehmen Geld
Scheinlösung: Controlling registriert Ausschussquoten der einzelnen Produktionsmitarbeiter und erstellt Statistiken
Beabsichtigte Wirkung: Mitarbeiter sollen zum sorgfältigen Arbeiten motiviert werden; Handhabe für Gegenmaßnahmen bei hohen Ausschussquoten
Tatsächliche Wirkung: Mitarbeiter lassen Ausschuss heimlich verschwinden, um ihre Zahlen zu verbessern
Folge: Sinken der Produktivität, Vergeudung von Rohstoffen

Problem: Präsentationen sind langweilig, Informationen kommen nicht an
Scheinlösung: Powerpoint-Präsentationen
Beabsichtigte Wirkung: Informationen werden auf den Punkt gebracht; professionelle Präsentationen bringen Inhalt gut rüber
Tatsächliche Wirkung: Mit kurzgefassten Schlagworten und technischen Effekten lässt sich magerer Inhalt aufpeppen
Folge: Leute gestalten Präsentationen, ohne dabei zu überlegen, ob und was sie zu sagen haben. Die Inhaltsdichte sinkt noch weiter.

Problem: Zu wenig Neukunden
Scheinlösung: Callcenter mit Neukundengewinnung beauftragt
Beabsichtigte Wirkung: Viele potenzielle Kunden in kurzer Zeit ansprechen; Zeitbudget der qualifizierten eigenen Mitarbeiter schonen, Ziel: viele Neukunden mit geringem Aufwand
Tatsächliche Wirkung: Weil die Callcenter-Mitarbeiter das Angebot und die Arbeitsweise des Unternehmens nicht gut kennen, machen sie bei den potenziellen Kunden einen schlechten Eindruck
Folge: Immer weniger Neukunden

Problem: Kunden springen ab
Scheinlösung: Kundenzufriedenheitsumfrage
Beabsichtigte Wirkung: Bereiche mit Verbesserungspotenzial identifizieren; Service verbessern; Kundenbindung erhöhen
Tatsächliche Wirkung: Service-Mitarbeiter zielen mehr auf gute Bewertung als auf guten Service ab, z.B. indem sie Kunden Vergünstigungen versprechen, wenn sie sie als „sehr gut" bewerten
Folge: Kunden fühlen sich veräppelt und springen erst recht ab

Anhand dieser Beispielen ahnen Sie vielleicht bereits, woran es liegen könnte, dass die Scheinlösungen so kontraproduktiv sind: Das Ziel ist unmerklich verrutscht. Die gewählten Mittel sorgten dafür, dass den Mitarbeitern auf einmal mehr daran gelegen war, gut dazustehen und sich abzusichern, als ein gutes Ergebnis zu liefern. Oder die Geschäftsleitung setzte mehr auf Masse als auf Qualität bei der Kundengewinnung – ganz entgegen der sonstigen Unternehmensphilosophie. Weil das falsche Ziel verfolgt wurde, konnte das richtige nicht erreicht werden.

Warum Sie Klarheit brauchen

Es lohnt sich, bei der Suche nach der Lösung ab und zu die Bremse reinzuhauen und zu hinterfragen:

MOMENT MAL!
Habe ich eigentlich noch mein wirkliches Ziel vor Augen?

Wer das eigentliche Ziel aus den Augen verliert, geht automatisch das falsche Problem an. Das kann ja gar nicht funktionieren!

Falsche Ziele können aus verschiedenen Quellen kommen. Die erste ist ein simpler Denkfehler. So wie er meiner früheren Sekretärin mal unterlief.

•••••••••

Ich: „Frau Miesmöller, was sind denn das für Kisten hier im Flur?"

Frau Miesmöller: „Ein toller Coup von mir, Herr Haupt! Ich hab ein Sonderangebot für Ordner entdeckt. Unschlagbar günstig! Damit habe ich Ihnen fast 200 Mark gespart!"

Ich: „200 Mark Ersparnis beim Ordnerkauf? Wie viele haben Sie denn besorgt?"

Frau Miesmöller: „100 Stück. Toll, oder?"

•••••••••

Tja. Das ist jetzt über zehn Jahre her, und ich habe immer noch Kisten mit Ordnern im Keller. Schätzungsweise werde ich mein ganzes Berufsleben keine mehr kaufen müssen. Wenn ich mal in ein Altersheim ziehe, werde ich noch dessen gesamte Verwaltung mit Ordnern versorgen können. Und mit Klarsichthüllen, Stiften, Büroklammern und so weiter auch. Denn die hat Frau

Miesmöller ebenfalls in Massen gebunkert. Faszinierend ist, dass Frau Miesmöller – die natürlich nicht wirklich so hieß – damals offenbar meinte, mir mit ihren Rieseneinkäufen einen Gefallen zu tun. Offenbar hatten sich ihre Ziele gegenüber meinen ziemlich verschoben: Sie sah es nicht als ihre primäre Aufgabe an, für eine funktionierende Büroordnung zu sorgen, sondern Kosten fürs Büromaterial zu sparen. Das Bittere ist, dass ihr nicht mal das Sparen so richtig gelungen ist. Weil sie nicht daran gedacht hat, dass fünf oder zehn Ordner zum Normalpreis immer noch deutlich billiger sind als 100 rabattierte.

Auch in anderen Punkten hatte sie eine Arbeitseinstellung, die mich verblüffte und manchmal fassungslos machte. Bis heute verstehe ich nicht ganz, was sie dazu bewogen hat, jedes Fitzelchen Papierkram säuberlich alphabetisch abzuheften – selbst Werbebroschüren und das Menü vom Pizzadienst, das einmal im Monat in unserem Briefkasten landete! Ich meine, Ordnungsdrang in Ehren, aber ein minimales Gespür für wichtig und unwichtig sollte man doch haben, oder?

Neben den eigenen Denkfehlern gibt es noch eine zweite Quelle für Zielverschiebungen. Nämlich Ziele, die von anderen Menschen an Sie herangetragen werden. Vorzugsweise von Ihrem Chef. Oder von einem guten Kollegen. Die sind ja auch alle nicht blind und sehen, dass in den Ecken des Büros und unter den Schreibtischen einige fiese kleine Zeitfresser hocken und immer dann, wenn Sie oder Ihre Kollegen gerade nicht hinschauen, wertvolle Arbeitszeit mit einem Haps herunterschlingen. Der Chef oder der Kollege, der das entdeckt hat, sucht auch sofort nach einer Lösung, um diese Parasiten loszuwerden. Wenn Sie viel Glück haben, kommt er auf eine gute Idee. Wenn Sie Pech haben, verwechselt er Symptom und Problem miteinander. Und entwickelt eine Scheinlösung, die das Problem nur verschärft. Die für noch mehr Bürokram sorgt.

Das ginge ja vielleicht gerade noch an, wenn er damit seine eigene Zeit vergeuden würde. Aber Ihr Chef oder Ihr Kollege hat seine Scheinlösung ja nicht nur für sich selbst entwickelt. Sondern er will das ganze Büro, die ganze Abteilung von dem lästigen Bürokram-Problem befreien, das er identifiziert hat. Also will er, dass alle seine Lösung anwenden. Auch Sie. So drückt er Ihnen in bester Absicht neue unsinnige Aufgaben auf. Aufgaben, die auf ein ganz falsches Ziel einzahlen.

- „Wir wollen doch mal sehen, wie viel Zeit welche Aufgabe tatsächlich braucht. Nächste Woche führen wir ein Zeiterfassungssystem ein, da tragen Sie bitte genau Ihren Zeitaufwand für jedes Projekt ein!" – Effekt: Da die Mitarbeiter diese Zeitabrechnung verordnet bekommen haben und die Ergebnisse nicht selbst auswerten, haben sie nicht das Gefühl, die Kontrolle über ihre Zeitfresser zu gewinnen, sondern im Gegenteil selbst kontrolliert zu werden. Um nicht als langsamer Patron dazustehen, rechnet jeder seinen Zeitaufwand möglichst klein: „Von neun bis elf … nein, da habe ich mich zwischendurch noch mit den Kollegen besprochen, das war bestimmt eine halbe Stunde, also waren es anderthalb Stunden für das Projekt …"
- „Du, könntest du mir mal eben helfen, ein System für die Parkplatznutzung zu entwickeln? Es kann doch nicht angehen, dass die Kollegen, die später anfangen, auf dem Firmenparkplatz nicht mehr unterkommen und Ewigkeiten im Viertel nach einem freien Plätzchen suchen müssen!" – Effekt: Auf einmal geht es nicht mehr um Gerechtigkeit, sondern um Hierarchiekämpfe. Wer ist so wichtig, dass ihm ein Parkplatz freigehalten werden muss?
- „Das Regal für die Fachliteratur wird allmählich zu klein. Nächsten Monat bekommen wir ein weiteres, bis dahin müssen wir uns eben behelfen." – Effekt: Jeder lagert die Bücher, die er für seine Arbeit auf Firmenkosten gekauft hat, bei sich selbst statt im allgemein zugänglichen Regal. Statt Austausch von wertvollem Wissen ist plötzlich „Platz sparen" die oberste Devise.

Auf diese Weise können sich richtiggehende Problemtauschbörsen ergeben. Ihr Chef oder Ihr Kollege wälzt sein Problem auf Sie ab und frisst mit seiner Scheinlösung Ihre Arbeitszeit. Deswegen werden Sie mit Ihren eigentlichen Aufgaben nicht mehr fertig – und sind gezwungen, die sich daraus ergebenden Probleme nun Ihrerseits an die Kollegen zu schieben. Dumm nur, dass dadurch das Problem trotzdem nicht von Ihrem Tisch verschwindet. Die Problemtauschbörsen funktionieren eher wie ein Hobbygärtnerverband, bei dem jeder einen Ableger oder Samen des Problems des anderen bekommt. Von nun an wuchert es in sämtlichen Gärten fröhlich vor sich hin … und der Chef muss sich erneut darum kümmern, weil er sieht, dass es die ganze Abteilung überwuchert. Er bekommt das Problem also ebenfalls zurück – in verschärfter Form.

Für Zielverschiebungen sorgen aber auch die Regeln, die Ihnen von außen übergestülpt werden. Regeln, die vorgeben, ein bestimmtes Ziel zu verfolgen – tatsächlich aber ein ganz anderes anvisieren. Das kann eine unbewusste Selbsttäuschung derjenigen sein, die diese Regeln aufstellen. Eine Verwechslung von Symptom und Problem oder Illusionen darüber, was die angesetzten Maßnahmen bewirken werden. Kann durchaus sein, dass ein Abteilungsleiter ein Höchstlimit von 180 Euro pro beruflicher Hotelübernachtung setzt und wirklich glaubt, damit die Kosten zu senken. In Wirklichkeit werden von da an die Mitarbeiter stets darauf achten, ein Hotelzimmer knapp unterhalb des Limits zu finden – auch wenn sie eins für 120 hätten bekommen können. Nach einer Weile merkt der Chef höchst überrascht, dass die Reisekosten eher gestiegen sind …

Außer solchen unbewussten Täuschungen gibt es aber auch noch ganz bewusste. Scheinheilige Maßnahmen, die das eine Ziel vorgeben und ein ganz anderes anstreben. Die das vorgebliche Ziel weder erreichen können noch sollen. Taschenspielertricks. Dazu gehören zum Beispiel die allermeisten Tätigkeiten, die mit Compliance zu tun haben. Da werden Millionen in Trainings gesteckt, bei denen die Unternehmensangehörigen auf eine gemeinsame ethische Richtlinie gedrillt werden sollen. Die umfassen dann so Themen wie: keine Vorteilsannahme, keine halb- oder illegalen Geschäftspraktiken, keine umweltschädlichen Prozesse, Gesundheitsrisiken für die Mitarbeiter vermeiden, …

Am Ende des Seminars müssen alle unterschreiben, dass sie sich an diese Regeln halten werden. Schwachsinn! Genauso sinnlos, wie bei der Einreise in die USA zu versichern, dass man nicht vorhat, den Präsidenten in die Luft zu sprengen oder mit Drogen zu handeln. Wer kriminelle Energie hat, wird sich sicher nicht von einer Unterschrift davon abhalten lassen, die Gesetze zu brechen. Wann immer er eine Gelegenheit sieht, damit durchzukommen, wird er seinen eigenen Vorteil auch auf Kosten anderer suchen – legal oder illegal. Oder können Sie sich vorstellen, dass jemand, der Bestechungsgeld angeboten bekommt, antwortet: „Ich würde ja gerne das Geschäft für Sie einfädeln, aber ich habe mich schriftlich verpflichtet, so etwas nie zu tun?" Ich auch nicht.

Sind diese Seminare also hirnrissig? Sind die unterschriebenen Selbstverpflichtungen das Papier nicht wert, auf dem sie gedruckt sind? Sind die Leute an der Unternehmensspitze, die solche Seminare in Auftrag geben und solche Unterschriften fordern, schlicht Idioten?

Nein. Sind sie nicht. Es ist nur so, dass diese Compliance-Politik in Wirklichkeit einen anderen Zweck verfolgt, als sie vorgibt. Es geht doch nicht in erster Linie darum, unlautere Geschäftspraktiken zu verhindern. Dass das nie ganz möglich ist, wissen die CEOs auch. Es geht einfach darum, dass die Geschäftsleitung ihre Hände in Unschuld wäscht. Die Risiken werden nach unten durchgereicht. Falls sich doch mal herausstellt, dass irgendeine Führungskraft ein krummes Geschäft eingegangen ist, kann die Unternehmensspitze sagen: „Wir sind unschuldig! Wir haben doch alles getan, was in unserer Macht steht, um das zu verhindern!" Die Unterschrift auf der Compliance-Verpflichtung ist tatsächlich Millionen wert. Nämlich die Millionen, die das Unternehmen möglicherweise an Bußgeldern zahlen müsste, wenn es sie nicht vorweisen könnte.

Ähnlich verhält es sich mit Vorschriften zum Tragen von Fahrradhelmen: Ja, sie haben einen gewissen Effekt, sie verbessern die Sicherheitslage. Ein bisschen. Jedem, der fünf Sekunden sein Gehirn einschaltet, ist aber klar, dass sie schwere Radunfälle unmöglich ganz verhüten können. Aber einen Zweck erfüllen sie unfehlbar: die Abwendung von Versicherungsleistungen.

Das ist der Grund, warum öfters Maßnahmen getroffen werden, die an ihren öffentlich verkündeten Zielen gründlich vorbeigehen: Sie folgen einer Hidden Agenda. Sie haben ein oder mehrere inoffizielle Ziele. Denjenigen, die die Maßnahme angestoßen haben, sind die inoffiziellen Ziele völlig klar; vielleicht durchschaut sie auch manch Außenstehender. Aber diese wahren Ziele eignen sich einfach nicht so gut, um auf Hochglanzpapier gedruckt zu werden. Wer sagt: „Ich möchte damit meine Position absichern" oder „so können wir die Nachbarabteilung endlich als die Idioten dastehen lassen, die sie sind", macht sich nicht eben beliebt. Also lieber ein gesellschaftlich akzeptiertes Ziel vorschieben und das eigentliche verbergen!

Dummm nur, dass durch dieses Vorgehen nicht nur das angebliche Ziel verfehlt wird, sondern auch das verborgene echte. Denn keins davon kann mit ganzer Konsequenz verfolgt werden. Alle Maßnahmen laufen notwendigerweise ins Leere, nämlich in die Lücke zwischen diesen beiden Zielen. Damit sind die Maßnahmen vergeblich. Zeitfresser.

Das gilt genauso für die Fälle, in denen diese Zielverschiebung ganz unbewusst geschieht. In denen in einem Unternehmen Strukturen geschaffen werden, um ganz ehrlich ein bestimmtes Problem anzugehen – aber weil der Ansatzpunkt falsch gewählt ist, kann weder das eigentlich gemeinte noch das tatsächlich angegangene Ziel erreicht werden. Alle, die sich in derartigen Strukturen wiederfinden, werden quasi gezwungen, am falschen Ziel zu arbeiten. Und weil diese Tatsache verschleiert wird, müssen sie sich endlos abarbeiten – ohne Erfolg.

Das kann zum Beispiel in einer Werbeagentur passieren, die neben den internen Grafikern auch regelmäßig freiberufliche beschäftigt. Nun gibt es einen gewissen Agentur-Stil, der natürlich auf die jeweiligen Kunden angepasst wird, aber doch unverwechselbar ist und bleiben soll. Also werden alle Entwürfe, die von freien Grafikern kommen, dahingehend überprüft, ob sie zu diesem Stil passen. Wenn sie überhaupt nicht passen, wird der freie Grafiker nicht wieder beauftragt, wenn sie einigermaßen passen, überarbeiten die internen Grafiker die Entwürfe der Externen. Und wenn die Entwürfe perfekt zum Agenturstil perfekt passen, gehen sie glatt durch und der Externe ist der Lieblingskandidat für neue Aufträge.

Aber das passiert so gut wie nie. Die Internen finden praktisch immer irgendetwas zu kritisieren und verbessern. Was tut ein externer Grafiker in dieser Situation? Er könnte sich einen Machkampf mit den Internen liefern. Das wäre aber kontraproduktiv. Wenn ihm die Zusammenarbeit mit dieser Agentur viel wert ist, könnte er sich große Mühe geben, seine Entwürfe dem Agenturstil anzupassen. Bringt aber nichts. Denn die internen Grafiker, die die Entwürfe überprüfen, haben ein unbewusstes Interesse daran zu zeigen, dass sie selbst den Agenturstil besser beherrschen. Sonst könnten sie am Ende noch verdrängt werden. Auf jeden Fall steht ihre Berufsehre auf dem Spiel. Das eigentliche Ziel ist nicht, dass die Werbeplakate den Agenturstil zeigen, sondern dass die internen Grafiker ihre Position verteidigen. Sie werden also immer irgendeine Kleinigkeit am Entwurf des Externen verändern, egal wie der aussieht. Wenn der Externe dieses Spiel durchschaut, könnte er gezielt Entwürfe liefern, die zwar zum Agenturstil passen, aber auch seinen eigenen Stil zeigen. Entwürfe, die so gut sind, dass die Agentur sie unbedingt haben will – und die den internen Grafikern ein Detail liefern, das sie ohne großen Aufwand verändern und so ihre eigene Duftmarke hinterlassen können. So wären alle Seiten zufrieden.

In diesem Fall ist es eine sinnvolle Lösung, eine Arbeitsweise zu finden, die sowohl das offenkundige Ziel – tolle Werbegrafiken im Agenturstil – als auch die Hidden Agenda – den Stolz der Agenturgrafiker unangetastet zu lassen – fördert. In anderen Fällen wird es aber kaum möglich sein, beides zu vereinigen. Deswegen ist es wichtig zu erkennen: Welches ist das tatsächliche Ziel und welches das vorgebliche? Und: Welches dieser Ziele ist für mich persönlich wichtig?

MOMENT MAL!

Ich brauche Klarheit darüber, was ich eigentlich erreichen will. Erst dann kann ich das richtige Problem identifizieren.

Im Ernst: Was wollen Sie eigentlich erreichen? So wirklich und grundsätzlich? Das Bewusstsein dafür kann einem im Arbeitsalltag schon mal abhanden kommen. Aber erinnern Sie sich noch an Ihr Vorstellungsgespräch? An das, was damals gesagt wurde, was Ihr Aufgabenfeld sein wird? Offensichtlich fanden Sie diese Aufgaben damals attraktiv. Sie waren überzeugt, dass sie Ihnen Spaß machen können und dass Sie damit etwas Sinnvolles bewirken. Sonst hätten Sie den Job nicht angenommen.

Auch wenn sich Ihr Aufgabenfeld seit damals verändert hat: Das Unternehmen hat Sie zu einem bestimmten Zweck eingestellt. Genau Sie, mit Ihren Fähigkeiten. Und dieser Zweck, darauf wette ich, ist nicht „Formulare ausfüllen“. Kann sein, dass in einem komplexen System wie einem Unternehmen Ihr Arbeitsalltag letztlich darauf hinausläuft, Arbeit zu organisieren statt sie zu tun. Kann sogar sein, dass darin Ihre eigentliche Aufgabe besteht – die Arbeit von anderen zu verwalten, damit diese unbeschwert loslegen können. Wahrscheinlicher ist, dass der Anteil an Verwaltungskram im Lauf der Zeit größer geworden ist, als ursprünglich geplant war. Dann tut es gut, sich hin und wieder ins Gedächtnis zu rufen, was Sie eigentlich bewirken wollen und sollen. Das eigentliche Ziel. Dann haben Sie eine Messlatte, anhand derer Sie Ihre Arbeitsweisen messen können, einschließlich derer, die Ihnen vom Unternehmen aufgedrückt werden. Dann wissen Sie, welches die Probleme sind, die Sie wirklich lösen wollen – und welche Probleme nur wie Schutt sind, die ein Gletscher im Lauf seiner Reise aufsammelt und irgendwann, hoffentlich möglichst bald, an seinem Rand wieder liegen lässt. Dann gewinnen Sie die Kraft, zu allem, was Ihnen aufgedrückt wird und nicht auf Ihr Ziel einzahlt, Nein zu sagen.

Ich gebe zu: In manchen Fällen ist das schwierig. An manchen Zeitfressern kommen Sie einfach nicht vorbei. Sie sind in das System des Unternehmens eingebaut. Irgendwelche Scheinlösungen für die falschen Probleme gibt es immer. Manche davon haben eine so lange Unternehmenstradition oder werden mit solcher Autorität unters Volk gebracht, dass es kaum möglich ist, sich daraus zu befreien. Wichtig ist, dass Sie sich über diese Zielverschiebungen im Klaren sind. Denn dann können Sie im Einzelfall entscheiden: Sind die Zeitfresser, die aus diesen Zielverschiebungen und den darauf ausgerichteten Scheinlösungen entstehen, noch im erträglichen Bereich? Kann ich damit leben? Was Sie unternehmen können, wenn Sie nicht damit leben können, schildere ich im fünften Kapitel. An dieser Stelle nur so viel: Manchmal ist es sinnvoll, die Beseitigung dieser von den Strukturen aufoktroyierten Zeitfresser auf später zu verschieben und sich erst mal um diejenigen zu kümmern, die Sie leichter loswerden.

Sich als Opfer der Umstände zu fühlen wäre jedenfalls genau die falsche Reaktion! Egal, ob die Zielverwirrung aus Ihnen selbst oder von außen kommt: Es ist Ihre Verantwortung, sie aufzulösen. Wenn Zielsetzung und Problemstellung unklar sind, werden Sie immer ein Spielball der Umstände bleiben. Dann wird Ihr Bürokram nie aufhören. Erst wenn Sie Klarheit über das richtige Problem haben, können Sie es gezielt lösen. Oder gezielt entscheiden, seine Lösung auf später zu vertagen.

Klarheit bekommen Sie nur, wenn Sie grundsätzlich jede Arbeit, die Sie im Laufe eines Tages in die Hand nehmen, hinterfragen:

- ➜ Was genau will ich damit bewirken?
- ➜ Gibt es außer dem offenkundigen noch ein verborgenes Ziel?
- ➜ Welches dieser Ziele ist mir wichtig?
- ➜ Führen meine Arbeitsabläufe zu meinem Ziel hin?
- ➜ Dienen meine Hilfsmittel wirklich meinem Ziel?

Ich warne Sie: Diese Fragen können süchtig machen.

Volldampf voraus!

Bevor Sie angefangen haben, Arbeitsabläufe und Ziele zu hinterfragen, waren Sie unwissend im Unheil. Sie haben gemerkt, dass irgendetwas nicht passt, aber Sie konnten nicht identifizieren, was es war.

Jetzt merken Sie nach und nach, was alles nicht passt. Und je mehr Fehlerquellen Sie entdecken, desto gründlicher werden Sie nachfragen. Und desto mehr werden Sie wiederum entdecken. Wissen macht nicht nur süchtig. Wissen tut auch weh. Haben Sie bisher schon gedacht, dass Sie all die wiederkehrenden Probleme nicht mehr aushalten? Was werden Sie jetzt erst tun, wo Sie die Zusammenhänge durchschauen? Jetzt, wo Sie Ihre eigenen Fehler klar erkennen, aber auch die unseligen äußeren Zwänge und Strukturen, in denen Sie feststecken? Jetzt, wo Sie klar sehen, welchen Schaden diese Strukturen, Zwänge, Fehler und Probleme wirklich anrichten?

Jetzt haben Sie drei Möglichkeiten zu reagieren:

Entweder Sie sagen: „Das halte ich nicht mehr aus! Ich packe die Probleme bei der Wurzel, und zwar jetzt sofort! Bürokram, deine letzte Stunde hat geschlagen!“ Sie werfen sich Ihr Supercape um und werden zu Ihrem Alter Ego: Hier kommt Office-Man! Badadadam! Den Schredder in der linken Hand, das Tablet in der rechten und den Zeitfresser-Detektor im Gürtel, stürmen Sie durchs Büro. Jeden noch so winzigen Zeitfresser stöbern Sie auf, packen ihn bei den Ohren und werfen ihn zum Bürofenster hinaus. Wenn er sich wehrt, drehen Sie ihn durch den Schredder. Erbarmungslos! Damit hören Sie nicht eher auf, als bis Sie das Büro vollständig gereinigt und exorziert haben. Dann verstopfen Sie sämtliche Schlupflöcher, durch die sich die Zeitfresser wieder ins Büro zurückschleichen könnten. Zum Schluss werfen Sie sich noch einmal in Siegerpositur, falten dann Ihr Supercape ordentlich zusammen und legen es in den Büroschrank zurück.

Es kann aber auch passieren, dass Sie sich angesichts so vieler Probleme überwältigt fühlen. Auf einmal merken Sie, dass Sie in der Vergangenheit 50 bis 99 Prozent Ihrer Arbeitszeit tatsächlich mit unnützem Kram vergeudet haben. Mit Aktivitäten, die nichts, aber auch gar nichts mit Ihren eigentlichen Zielen zu tun haben. Das kann den Stärksten umhauen! Ihr Office-Man-Cape bleibt im Schrank liegen, wo es schon die ersten Mottenlöcher bekommt. Sie selbst sitzen an Ihrem Schreibtisch und versinken in Depressionen. Den Kopf in die Hände gestützt, murmeln Sie leise: „Das hat doch alles keinen Zweck. Da sind so viele Probleme miteinander verwoben, wo soll ich da anfangen? Wenn ich nur daran denke, was alles zu tun wäre, kriege ich schon einen Burnout. Am besten, ich gehe erst mal in Kur."

Lassen Sie sich nicht entmutigen!

Ich gehe mal davon aus, dass Sie grundsätzlich vorhaben, mit Ihrem Bürokram aufzuräumen. Sonst hätten Sie dieses Buch nicht gekauft. Oder falls Sie es geschenkt bekommen haben, würden Sie sich nicht die Mühe machen, es zu lesen. Da Sie das aber gerade tun, bin ich mir sicher: Sie gehören nicht zum Club derjenigen, die Problemen resigniert gegenüberstehen. Die sagen „Das ist nun mal so, das kann man nicht ändern." Oder: „Das ist zwar ein Problem, aber zum Glück nicht meins. Für mich ist nur wichtig, dass am Ende des Monats das Gehalt auf dem Konto ist."

Nein, Sie wollen mehr von Ihrem Job: erfüllte Arbeit und das Gefühl, etwas zu bewirken. Deswegen wollen Sie alles ausschalten, was Ihre Lebenszeit sinnlos vergeudet. Sie haben genügend Energie und Willen, um die Sache wirklich anzupacken. Selbst wenn Sie momentan vor der Größe der Probleme zurückschrecken – das kann Sie auf Dauer nicht aufhalten. Sie werden dieses Tief überwinden, ich weiß es!

Und ich werde Ihnen dabei helfen. Der Trick ist, aus einem Felsblock einen Haufen Kies zu machen. Das ist die dritte Möglichkeit – und da Supercapes ziemlich selten und Depressionen nicht unbedingt zielführend sind, ist sie meiner Überzeugung nach die erfolgversprechendste.

MOMENT MAL!
Muss ich denn wirklich alle Probleme auf einmal lösen?

Müssen Sie nicht. Wirklich nicht. Wenn Sie das versuchen, werden Sie nur feststellen, dass Sie vor einem übermächtigen Berg Arbeit stehen – und deswegen gar nicht erst anfangen.

Klar brauchen Sie erst mal den großen Überblick: Was gibt es alles für Probleme? Und wo kommt der ganze Mist her?

Aber wenn Sie den Überblick haben, dann können Sie sich aussuchen, womit Sie anfangen. Picken Sie dasjenige Problem heraus, das Sie am meisten nervt. Ihr Problem Nummer eins. Auf das fokussieren Sie sich. Das Problem Nummer eins packen Sie als Erstes an. Die anderen blenden Sie erst mal aus. Die können warten. Sie werden Ihnen ganz gewiss nicht weglaufen. Wenn Sie das erste Problem gelöst haben, kommt das nächste an die Reihe. Und so weiter.

Teile und herrsche, hat schon Cäsar gesagt. Alle Feinde auf einmal werden Sie kaum überwältigen können. Aber jeder einzelne von Ihnen ist bezwingbar. Also müssen Sie nur dafür sorgen, dass die Heerschar von Problemen sich in lauter einzelne kleine Probleme auflöst. Probleme, die Sie eins nach dem anderen, Schritt für Schritt angehen können. Sie zerlegen den Riesenberg Arbeit, der vor Ihnen liegt, in einen Haufen Kies. Den können Sie dann Kiesel für Kiesel, Schippe für Schippe abtragen. Das Beste daran ist: Sie brauchen fürs Zerlegen kein Laserschwert, keine Tunnelbohrmaschine und kein Dynamit. Ein analytischer Verstand genügt. Den haben Sie.

Wichtig ist nur eines: dass Sie sofort anfangen. Dass Sie die Energie nutzen, die aus dem Schmerz kommt. Bevor Sie sich daran gewöhnen. Die Erkenntnis, die Sie einmal haben, haben Sie. Da kommen Sie nicht wieder raus. Auch in zehn Jahren werden Sie nicht wieder vergessen, dass Sie einmal erkannt haben: Ich verschwende einen Großteil meiner Arbeitszeit mit Bürokram. Aber die Energie, die mit dieser Erkenntnis kommt, die könnte wieder verschwinden, wenn Sie nichts unternehmen. Die hält maximal drei Tage vor.

Ich erinnere mich noch gut an eine Zeit in meinem Unternehmen, als es unverantwortlich lange dauerte, bis endlich ein Angebot beim Kunden war.

Tagelang gärte ein bearbeitetes, aber eben noch nicht fertiges Angebot in irgendwelchen Ablagekästen vor sich hin. Tagelang dauerte es, bis die Unterschrift drauf war. Und dann konnte es immer noch passieren, dass es noch einen süßen Schlummer im Postausgang hinlegte, bevor es tatsächlich den Kunden erreichte. Also setzten wir uns zusammen und suchten nach einer Lösung. Die war auch schnell gefunden – was es war, sage ich Ihnen nicht, denn im nächsten Kapitel werden Sie lesen, warum sich die Lösung des einen Unternehmens nicht auf die Probleme eines anderen Unternehmens übertragen lässt. Worum es mir hier an dieser Stelle geht ist Folgendes: Nach zwei Tagen fragte ich nach, ob jetzt alles in Butter sei. Es stellte sich aber heraus, dass das Arbeitsergebnis unseres Wir-wollen-dass-die-Angebote-spätestens-nach-zwei-Tagen-beim-Kunden-sind-Meetings genau dort lag, wo auch all die Angebote lagen, die schon mal angefangen, aber nicht fertig gemacht worden waren: in irgendeinem Ablagekorb. Ich muss mich da auch an die eigene Nase fassen, auch ich habe dabei mitgemacht, eine coole Lösung zu generieren, einander auf die Schulter zu schlagen – und dann nicht für die Umsetzung zu sorgen. Also setzten wir uns noch einmal zusammen, schickten eine Mail an alle Vertriebler in die Runde und hängten das neue Tool (nein, ich sage immer noch nicht, was es war) an – und dann erst war die Sache auch wirklich geritzt.

Je länger Sie mit der Umsetzung warten, desto größer ist die Gefahr, dass Sie wieder in alte Gewohnheiten zurückfallen. Deswegen heißen die Kapitel in diesem Buch ja auch „Montag, Dienstag, Mittwoch …“ und nicht „Januar, Februar, März …“ Warten Sie keinen Monat, gehen Sie jetzt an die Veränderung!

Ach du Schreck. Heißt das, dass Sie das Problem innerhalb von drei Tagen gelöst haben müssen?

Nein. Keine Panik. Wenn es ein Zeitlimit für die Umsetzung gäbe, ließen sich manche Schwierigkeiten nie überwinden. Viele Probleme haben den Verantwortlichen jahrelang Kopfzerbrechen verursacht – bis sie gelöst wurden. Dann war der Triumph groß.

➜ Vom ersten unbemannten Raumflug bis zu den ersten Schritten eines Menschen auf dem Mond dauerte es zehn Jahre.

- Heinrich Schliemann suchte zwei Jahre lang nach Troja und lernte dafür Altgriechisch und Türkisch. Viele seiner Zeitgenossen hielten die Stadt für eine Legende. Schliemann fand sie. Mit den Ausgrabungen dort erlangte er unsterbliche Berühmtheit.
- Alexander Fleming entdeckte 1928 per Zufall, dass der Pinselschimmel Penicillium einen Stoff absondert, der Bakterien tötet. Bis der Wirkstoff isoliert werden konnte, dauerte es noch elf Jahre, und erst 1941 konnte Penicillin industriell hergestellt werden.
- In meinem Unternehmen hatten wir jahrelang ein Problem mit dem Wasserkasten-Nachschub. Unser Anspruch: Es sollte jederzeit für jeden Mitarbeiter genügend Trinkwasser vor Ort sein. Hört sich einfach an, war aber in der Umsetzung extrem schwierig! Der eine Lieferant lieferte nur auf Abruf, das hat aber von unserer Seite nicht geklappt. Regelmäßig standen ausgetrocknete Angestellte vor leeren Wasserkästen, weil mal wieder niemand daran gedacht hatte, nachzubestellen. Andere Lieferanten boten an, jede Woche eine bestimmte Anzahl an Kästen zu liefern. Das war aber auch Murks, denn wenn es draußen kühl war, stapelten sich die vollen Kisten bis draußen auf den Flur; wenn es heiß war, standen die Leute stundenlang ausgedörrt an den Fenstern und warteten so sehnsüchtig auf den Wasserkastenmann wie Kinder auf den Osterhasen. Wir wussten also genau, was wir wollten: einen Lieferanten, der jede Woche vorbeikommt, schaut, was an vollen Kisten noch da ist und den Bestand einfach nur aufstockt. Wir gaben mit der Suche nicht auf. Bis wir endlich unseren perfekten Getränkelieferanten gefunden hatten, hat es allerdings fast ein Jahr gedauert.

MOMENT MAL!
Ich muss mein Problem Nummer eins nicht sofort lösen. Nur sofort mit dem Lösen anfangen.

Es geht um das Anfangen. Dafür brauchen Sie die Veränderungsenergie, die aus dem Schmerz kommt. Und vor allem: Sie müssen den Moment der Klarheit nutzen. Sie gehen ein Problem an, Ihnen wird klar, woran es eigentlich hängt. Es fällt Ihnen wie Schuppen von den Augen: „DAS war es also, was mich so lange gequält hat! DAS hat mich in der Vergangenheit so unendlich viel Energie gekostet!“ Wenn Sie aber jetzt, in diesem Moment der Klarheit, nicht in Aktion kommen, dann war alles umsonst. Dann hat Sie in kürzester Zeit der Bürokram wieder vereinnahmt – und alles ist wieder genau so, wie es immer war.

Die tatsächliche Umsetzung kann Monate, sogar Jahre dauern. Eine neue zentrale Datenbank in einem Verlag einzuführen und an die Anforderungen der verschiedenen Abteilungen anzupassen dauert über ein Jahr. Manchmal gibt es auch gar keinen fixen Endpunkt, sondern einen kontinuierlichen Prozess.

Nehmen wir mal an, Sie wollen einen Betriebskindergarten einrichten, damit Mitarbeiter mit Kindern flexibler arbeiten können. Dann müssen Sie die Mittel dafür organisieren, Genehmigungen von Jugendamt, Gesundheitsamt und was weiß ich welchem Amt dafür einholen, Räumlichkeiten schaffen, kindgerecht einrichten und von den Ämtern überprüfen lassen, Erzieherinnen anwerben, tausend Auflagen erfüllen … all das beginnt mit dem ersten Schritt, dem Gespräch mit der Unternehmensleitung. Und zwar heute. Wenn Sie sich ins Zeug legen, bringen in einem Jahr zum ersten Mal Sie und Ihre Kollegen ihre Kinder in den Betriebskindergarten. Danach ist Ihre Arbeit aber noch nicht erledigt, denn Sie müssen regelmäßig die Räume, die Erzieherinnen, das Spielmaterial, gegebenenfalls die Küche prüfen lassen. Unter den Kollegen für die rege Nutzung werben. Einen Elternbeirat organisieren. Anregungen für Verbesserungsvorschläge von allen Seiten anhören, prüfen, Verbesserungen in die Wege leiten. Und so weiter. Aber wenn eines Tages Kollege Hanspeter nicht mehr ab halb zwölf unruhig wird und Punkt zwölf Uhr seine Kleine von der Kita abholen fährt, sondern einfach um die Mittagszeit beim Betriebskindergarten vorbeischaut und nach einer Dreiviertelstunde entspannt wieder da ist – in dem Moment wissen Sie: Der Aufwand hat sich gelohnt.

Der Clou an der Sache ist: Sobald Sie tatsächlich angefangen haben, Ihre Probleme anzugehen, sobald Sie in Bewegung kommen, gewinnen Sie daraus die Energie, um weiterzumachen. Ja, Sie brauchen Ausdauer und Disziplin, um eine Veränderung bis zum Ende durchzuziehen. Aber so wie ein Jogger durch das Training Kraft bekommt, so werden auch Sie die nötige Ausdauer und Energie gewinnen, indem Sie handeln. Sie werden immer wieder kleinere und größere Erfolgserlebnisse haben. Das beschwingt. Denn dadurch lernen Sie: Es lohnt sich zu kämpfen! Sie gewinnen Selbstbewusstsein und Übung: Sie werden immer besser darin, die wahre Kernursache eines Problems zu identifizieren und zielsicher zu beseitigen. Eines nach dem anderen werden Sie Ihre Probleme mit der Wurzel ausrotten. Sie werden Zeit und Freiraum gewinnen. Und das gibt Ihnen neue Kraft und Energie … ein positiver Kreislauf, quasi eine Himmelsspirale!

Um Ihnen den Start zu erleichtern, schenke ich Ihnen hier ein paar Mutmach-Sprüche, die Sie sich an die Bürowand hängen können:

- Auch der härteste Weg beginnt mit dem ersten Schritt.
- Teile und herrsche gilt auch für Probleme.
- Tu es jetzt!
- Frei von Bürokram sein heißt, frei sein für wichtige Arbeit, die Freude macht und Wirkung erzielt.
- Jedes Problem hat einen Anfang und ein Ende – packen Sie sich den Anfang!
- Je länger ein Problem liegt, desto mehr fängt es an zu stinken.

Problem-Stammbäume

So. Ich sehe, dass Sie wild entschlossen sind, Ihre Probleme anzupacken. Jetzt geht es um die Wurst. Sie wollen jetzt nicht wieder in die alten Fehler zurückfallen und an einem Symptom, an einem falschen Problem herumdoktern. Prima! Die Frage ist nur: Woran können Sie eigentlich unterscheiden, ob das, was Ihnen so frech ins Gesicht starrt, das Kernproblem ist?

Dafür gibt es zwei Möglichkeiten. Die erste ist die mühsamere: Versuch und Irrtum. Sie versuchen den Bürokram in den Griff zu bekommen. Wenn Ihnen das auch nach X Ansätzen nicht gelingt, ist das ein deutliches Zeichen dafür, dass sie immer noch am falschen Problem arbeiten. Ehrlich gesagt: Von dieser Möglichkeit halte ich nichts. Genau das haben Sie doch lange genug gemacht. Und es war nur frustrierend. Also, wählen Sie besser gleich die Möglichkeit zwei: Suchen Sie von Anfang an nach der wirklichen Wurzel des Problems.

MOMENT MAL!
Jedes Problem hat einen Stammbaum.

Und diesen Stammbaum müssen Sie zurückverfolgen, um bis zur Wurzel des Problems zu gelangen. Dann erst können Sie es mit der Wurzel ausreißen. Logisch. Dann erst haben Sie das Unkraut wirklich ausgerottet.

Den Problem-Stammbaum zurückverfolgen

Sie haben ein Problem. Eins, das Ihnen von Ihrer Bürokram-Liste her ins Gesicht starrt und so hässlich ist, dass es weh tut. Einen echten, fiesen Zeitfresser. Diesen Zeitfresser stecken Sie jetzt mit der Nadel auf dem Tisch vor sich fest, damit er Ihnen nicht mehr entwischen kann. Und jetzt besehen Sie ihn sich von allen Seiten. Und zwar mit der Fragestellung: Haben Sie schon das eigentliche Problem aufgespießt oder nur das Symptom?

Trotzdem muss ich Sie ein wenig enttäuschen: Feierabend können Sie leider noch nicht machen. Denn leider hat jedes Symptom nicht nur eine Ursache, sondern eine ganze Ursachenkette. Sozusagen Eltern, Großeltern, Urgroßeltern … Und da Probleme außerordentlich langlebig und außerordentlich fruchtbar sein können, nützt es gar nichts, nur die Probleme selbst und ihre Eltern zu beseitigen. Die Großeltern-Probleme und Urgroßeltern-Probleme würden fortbestehen und weiter eifrig Nachwuchs zeugen. Sie haben es, tut mir leid, mit einer echten Parasitenplage zu tun.

Deswegen hilft nur eins: Schauen Sie sich die Ursache, die Sie gefunden haben, genau an. Überlegen Sie sich, was deren Ursache sein könnte (an der Sie etwas ändern können). Und was die Ursache dieser Ursache der Ursache ist. Und so weiter. Eine solche Ursachenkette könnte zum Beispiel so aussehen:

1. Oberflächenproblem: Wenn ich mittags essen gehen will, hat die Cafeteria oft schon zu.
2. Dessen Ursache: Ich sitze zu lange an dem Tagesbericht, der bis 14 Uhr beim Vorgesetzten sein muss.
3. Dessen Ursache: Der Vorgesetzte will Kontrolle über meine Aktivitäten.
4. Dessen Ursache: Der Vorgesetzte vertraut mir nicht.
5. Dessen Ursache: Der Vorgesetzte meint, ich würde meine Ziele nicht erreichen.
6. Dessen Ursache: Der Vorgesetzte und ich haben nicht dieselben Ziele.
7. Dessen Ursache: Wir sprechen nicht über unsere Ziele.

Geht das beliebig so weiter? Bis Sie bei Adam und Eva angekommen sind? Und dann noch weiter zurück bis zum Ur-Chaos, in dem Finsternis über den Wassern herrschte?

Nein. Zum Glück nicht. Sie brauchen den Stammbaum nicht bis zum Urknall zurückzuverfolgen. Sie werden bei der Ursachenkette feststellen, dass die Beschreibung immer enger und schärfer wird – bis zu einem gewissen Punkt. Ab diesem Punkt wird sie wieder breiter. Wenn Sie zum Beispiel überlegen würden, dass hinter der Feststellung „Wir sprechen nicht über unsere Ziele" eine weitere Ursache stecken würde, nämlich „Wir kommunizieren überhaupt nicht gut miteinander", dann wären Sie über die Kernursache Ihres Problems hinausgeschossen. Die wahre Ursache, die Sie anpacken sollten, ist die letzte, bevor der Stammbaum wieder breiter wird. Also: „Wir sprechen nicht über unsere Ziele." Und dadurch, dass Sie diese Wurzel Ihres Problems „Wenn ich mittags essen gehen will, hat die Cafeteria oft schon zu" gefunden haben, ist die Lösung auch schon nahe – doch zu den Lösungen kommen wir im nächsten Kapitel.

Um die Sache mit den Ursachenketten noch klarer zu machen, hier ein weiteres Beispiel:

1. Oberflächenproblem: Schon wieder haben Sie wenige Tage vor dem Brückentag, für den Sie schon vor Monaten Urlaub angemeldet haben, aus der Zentrale den Bescheid bekommen, dass Sie da nicht freinehmen können.

2. Dessen Ursache: Wieder mal wollten Ihre unmittelbare Kollegin und Sie gleichzeitig frei nehmen.
3. Die eigentliche Ursache: Die Urlaubsregeln sind nicht klar kommuniziert worden.

Und da sind wir schon am Kernproblem angelangt! Weiterzugehen und zu sagen, dass im Unternehmen überhaupt vieles nicht gut kommuniziert wird, würde wieder in die Breite führen. Sie sehen, manchmal ist die Ursachenkette auch recht kurz.

Jeder Schritt, den Sie auf Ihrem Weg zur Wurzel zurücklegen, führt Sie auf eine neue Ebene. Schauen wir uns einmal den folgenden Prozess an:

Schritt	Ebene	Ergebnis
Eine Führungskraft ärgert sich über einen Mitarbeiter. Der hat wieder einmal einen kapitalen Bock geschossen.	Führungsebene	Es besteht prinzipieller Lösungsbedarf.
Sie fragt den Mitarbeiter, wie er seine Rolle einschätzt.	Ebene der Selbsterkenntnis / Fremderkenntnis	Die Führungskraft erkennt, dass der Mitarbeiter überhaupt nicht für die ihm übertragene Aufgabe geeignet ist.
Der Vorgesetzte überlegt sich, welche Leistung er von seinem Mitarbeiter fordern darf.	Erwartungshaltung	Der Vorgesetzte überlegt, wie er es schafft, dass seine Erwartungen in Zukunft erfüllt werden können.
Er fragt sich, wie eigentlich der Mitarbeiter ausgewählt wurde.	Auswahlprozess	Das Augenmerk richtet sich auf die Bewerbungsverfahren. Hier ist der Ansatzpunkt für die Lösung.

Ob kurz oder lang, eines haben alle Ursachenketten gemeinsam: Sie führen weg vom unmittelbaren Tagesgeschäft auf eine andere Ebene. Auf die Art, wie Ihre Arbeit organisiert ist, auf Ihr Zusammenspiel mit den Kollegen oder dem Chef, auf den eigentlichen Zweck, für den bestimmte Dinge getan werden. Am Ende legen Sie Ihren Finger auf den Punkt, der grundsätzlich genug ist, dass Sie daran das Problem an der Wurzel ausreißen können – und spezifisch genug, dass Sie nicht gleich den ganzen Garten umgraben, sondern immer noch bei Ihrem konkreten Problem sind.

MOMENT MAL!
Die Lösung des Problems findet immer auf anderer Ebene statt als das Problem selbst.

Büroorganisationsprobleme lösen Sie nicht auf der Ebene der Büroorganisation. Sie müssen sich auf ein anderes Level begeben, näher zu den Grundlagen und zum Nährboden des Problems. Wenn Sie Ihr Problem bis auf seine Kernursache zurückverfolgt haben, können Sie eine Lösung dafür finden, die es endgültig beseitigt. Eine Lösung, die auf einem anderen Level liegt als das Problem – und deswegen durchgreifend wirkt.

Feierabend

Der Dienstag hat Ihnen einige Stoppmomente gebracht. Momente, in denen Sie Ihre bisherigen Annahmen hinterfragt und sich neue Ansatzpunkte erschlossen haben.

- Oft halte ich im ersten Moment die Symptome eines Problems für das Problem selbst.
- Manchmal arbeite ich mich am völlig falschen Problem ab.
- Habe ich eigentlich noch mein wirkliches Ziel vor Augen?
- Ich brauche Klarheit darüber, was ich eigentlich erreichen will. Erst dann kann ich das richtige Problem identifizieren.
- Muss ich denn wirklich alle Probleme auf einmal lösen?
- Ich muss mein Problem Nummer eins nicht sofort lösen. Nur sofort mit dem Lösen anfangen.
- Jedes Problem hat einen Stammbaum.
- Die Lösung des Problems findet immer auf anderer Ebene statt als das Problem selbst.

Anhand dieser neuen Ansatzpunkte konnten Sie die wahre Kernursache Ihres Problems herausfiltern. Sie haben immer weiter nach den Ursachen des Problems geforscht – und zwar nach derjenigen Ursache, an der Sie selbst etwas verändern können. Damit haben Sie sich aber nicht begnügt, sondern nach der Ursache der Ursache geforscht und so weiter. Das haben Sie so lange wiederholt, bis Sie zur Urmutter des Problems vorgedrungen sind; zum Punkt, ab dem die Ursachenkette nicht mehr spitzer, sondern wieder breiter wird. Jetzt wissen Sie: Wenn Sie diese Urmutter beseitigen, dann verschwindet Ihr Problem restlos und kommt auch nie wieder. Damit haben Sie heute, am Dienstag, den Hebelpunkt, den zu suchen Sie sich gestern vorgenommen haben.

Der nächste Schritt ist schon vorprogrammiert: auf den Hebel drücken. Die Urmutter des Problems beseitigen. Das ist die Aufgabe für den Mittwoch.

Mittwoch: Universalschlüssel

Ich hasse Papierstapel, die wie Wanderdünen von einer Seite meines Schreibtischs auf die andere gleiten.

Ich kann es nicht fassen, wenn immer dann, wenn ich einen Vorgang abgeschlossen habe, zwei neue Arbeitsaufträge auf meinem Tisch landen.

Ich bekomme einen Allergieschock, wenn schon wieder endlose Rangeleien um Zuständigkeiten wertvolle Arbeitszeit verschlingen.

Es macht mich krank, wenn wie so oft vergessen wurde, Briefmarken einzukaufen, und deshalb meine Post wieder nicht rechtzeitig rausgeht.

Ich gehe die Wände hoch, wenn ich aus meiner Arbeit durch Anrufe wie: „Das Meeting heute Nachmittag fängt eine halbe Stunde später an" herausgerissen werde.

Es ist nicht auszuhalten, wenn wichtige Projekte liegen bleiben, weil einer der Mitarbeiter sich beim Badminton den Fuß verstaucht hat.

Ich kann es nicht ausstehen, wenn hundert Mails meinen Posteingang verstopfen wie lange Haare den Abfluss einer Dusche.

Ich würde mich am liebsten sofort für einen Urschrei-Kurs eintragen, wenn ich höre, dass meine Mitarbeiter wieder einmal Arbeit doppelt gemacht haben – nur weil niemand es für nötig hält, das Team zuverlässig über den Stand der Arbeiten zu informieren.

Ich bekomme massiven Haarausfall, weil der Azubi aus dem Schreibbüro mindestens einmal in der Woche bei mir auf der Matte steht, um für ein Geburtstagsgeschenk Geld einzusammeln.

Ich könnte kotzen, wenn mir bei jedem Blick auf die Uhr ganz heiß wird, weil mir die Zeit davonläuft.

Bürokram macht einen fertig! Ich wette, auch Sie sind im Bürokram-Strudel gefangen und treiben hilflos im Kreis umher: jeder Tag gespickt mit Déjà-vu-

Erlebnissen, von denen Sie glaubten, sie endgültig hinter sich gelassen zu haben. Jeder Tag eine endlose Quälerei durch sich kumulierende Probleme, die Sie längst gelöst wähnten. Nicht Sie erledigen den Bürokram – sondern der Bürokram erledigt Sie! Der erste Reflex ist: noch schneller arbeiten. Noch mehr Überstunden machen. Noch mehr Arbeit mit nach Hause nehmen. Das ist doch total verrückt! Dann gehen Sie heim, um arbeiten zu können, und kommen in die Firma, um sich zu ärgern!

Das alles habe ich früher selbst durchgemacht. Ich schlug mich mit einem Organisationsproblem nach dem anderen herum. Bürokram, Terminierung der Aufträge, Zusammenarbeit im Team, interne und externe Kommunikation usw. – lauter Minenfelder! Bis bei mir endlich der Groschen fiel: Um die fetten Probleme zu lösen, brauche ich keinen Schraubenzieher, der die verkantete Schraube mit viel Kraftaufwand noch eine Achteldrehung weiter in den Beton treibt. Ich muss den ganzen Mist aufbohren, in winzige Späne zerlegen und Platz machen für eine ganz neue Schraube. Eine, die dann auch tatsächlich hält. Ein für alle Mal.

Ich lebe davon, dass ich für Kunden bestimmte Probleme final löse. Müssten meine Kunden nach drei Wochen enttäuscht wiederkommen, weil meine Lösungen zwar ganz okay sind, aber die Anwendung nicht die gesamte Aufgabenstellung erledigt, dann könnte ich meinen Laden gleich dicht machen. Kein Mensch will eine Wetter-App, die super funktioniert, aber nur, wenn sie keinen Regen anzeigen muss.

Der Arbeitsstopp am Montag machte Ihnen klar: Probleme müssen Sie final lösen, sonst werden Sie sie nie los. Am Dienstag haben Sie herausgefunden, woran genau es liegt, dass lästige Arbeiten immer wieder auftauchen. Die Antwort darauf war: Jedes Problem hat seinen Stammbaum. Von den äußersten Blättern über die Äste und den Stamm lässt es sich bis an seine tiefste Wurzel zurückverfolgen. Bis zur eigentlichen Ursache, dem prinzipiellen Problem hinter den sicht- und fühlbaren Ärgernissen.

Heute ist Mittwoch. Und heute will ich Ihnen zeigen, wie es genau funktioniert, dass Sie jedes Ihrer identifizierten Erz-Probleme ein für alle Mal lösen – ohne dass sie wie ein Bumerang durch die Hintertür wieder hereingeflogen kommen und Ihnen zum dreihundertfünfzigsten Mal gegen die Schädelbasis knallen.

AB IN DEN SCHREDDER
mit Lösungen, die Problemen erlauben, als Zombies immer wieder aufzutauchen.

Nie wieder das Gefühl, dass abends mehr Arbeit auf dem Tisch liegt, als Sie morgens vorgefunden haben! Keine Akten mehr, die Sie viermal in die Hand nehmen müssen, bevor Sie sie ein Büro weiter verschieben können! Wenn Probleme nicht mehr kumuliert, sondern final gelöst werden, dann ist entspanntes, souveränes und produktives Arbeiten möglich. Und das alles ohne Überstunden, ohne verpatzte Wochenenden. Wieder Freizeit genießen, einen entspannten Feierabend haben und nach einem ganz privaten Wochenende mit frischen Kräften und Lust an der Arbeit in die neue Woche gehen können – vielleicht haben Sie schon fast vergessen, wie großartig das ist …

Das geht?

Ja.

Ich zeige Ihnen den Weg dahin. Sie werden von mir allerdings nicht hören, ob Sie die neue To-do-Liste auf Papier schreiben oder lieber ins Smartphone eintragen, ob Sie besser gelbe, grüne oder rote Post-its neben Ihren Bildschirm kleben. Wir wollen hier schließlich keine Kosmetik betreiben, sondern das jeweilige Ur-Problem, das hinter jeder einzelnen Ausuferung eines total abgedrehten Büroalltags steckt, zur Strecke bringen.

Sie bekommen von mir auch keine Fertiglösungen an die Hand. Denn es gibt tausend Unternehmen und tausend Probleme – und die Schwierigkeiten im Unternehmen A mit dem Betriebssystem sind noch lange nicht dieselben, die das Unternehmen B mit dem gleichen System hat. Unmöglich, jeden denkbaren Missstand in seiner jeweiligen Ausprägung einzeln anzusprechen! Nur mit dem allgemein gültigen Prinzip, wie sich Probleme lösen lassen, ist Ihnen gedient. Mit anderen Worten: Das Handwerkszeug lege ich Ihnen in die Hand, aber bohren und schrauben müssen Sie schon selbst.

Müssen Sie wirklich für jedes Ihrer Probleme eine eigene, nur für Ihr Unternehmen passende Lösung finden? Ja. Sie müssen. Warum das so ist, zeige ich Ihnen anhand der folgenden Geschichte.

Unterm Rad

In den Gelben Seiten sind für München über 130 Reparaturwerkstätten für Fahrräder aufgelistet. Da muss jeder Fahrradladen sehen, wie er einen Platz am Licht ergattert.

Einer der Werkstattbesitzer wollte es besonders schlau angehen. Er hatte gelesen, dass man über das Portal „Groupon“ Gutscheine anbieten kann. So wie es auch Promi-Friseur Udo Walz schon getan hatte. Der verkaufte über tausend Coupons und war mit dem Erfolg der Aktion hochzufrieden: Jeder dritte Neukunde kam seinen Angaben nach wieder, auch wenn er dann den normalen Preis bezahlen musste.

„Wenn andere über die angebotenen Gutschein-Schnäppchen Kunden gewinnen, warum nicht auch ich?“, wird sich der Fahrradhändler gedacht haben. Im Frühjahr 2013 bot er Fahrradinspektionen für 20 statt 40 Euro an. Groupon selbst verlangte für seine Dienste noch einmal die Hälfte der Summe pro Gutschein. In die Kasse des Fahrradhändlers flossen also pro Inspektion statt 40 nur noch 10 Euro. 10 Euro Lohn für eine halbe Stunde Arbeit – ganz glücklich war der Mann damit nicht, aber wenn's der Kundengewinnung dient …

Der Erfolg hat ihn überrumpelt: Innerhalb kürzester Zeit waren fast 500 Gutscheine verkauft. Das waren für ihn 250 Stunden Arbeit für 5.000 Euro, also ein Stundenlohn von 20 Euro. Gar nicht mal so schlecht? Nein! Für einen Selbstständigen ist so ein Stundenlohn katastrophal. Erst mal ist der Betrag brutto. Davon werden neben der Mehrwertsteuer auch noch Einkommens-, Gewerbe- und Sonstwas-Steuer fällig. Dann sind da noch die verschiedenen Beiträge, Versicherungen und die Altersvorsorge. Mit dem Rest muss er die Werkstattmiete und seine Privat-Miete bezahlen. In München! Essen muss er auch noch. Wenn unser Fahrradladen-Inhaber sich rangehalten hat, hat er die 250 Stunden in einem Monat abgearbeitet – und trotzdem nur Miese gemacht. Armer Kerl! Ob sein Laden das überstanden hat?

Was ist da passiert? Der Fahrradhändler ist einem Irrglauben aufgesessen, der sich erstaunlich hartnäckig in der Welt hält: „Best Practice“ heißt das Zauberwort. Dahinter steckt die Überzeugung, dass ein Lösungsansatz, der A an die Spitze bringt, auch bei B funktionieren muss. Das bedeutet nichts anderes, als dass sich Erfolgsmethoden von anderen erfolgreich abkupfern lassen. Bewährte Verfahren und Musterabläufe werden einfach gegoogelt, bei der Konkurrenz abgeschaut oder in Fachbüchern nachgelesen – und schon ist alles in Butter?

Leider haben solche Best-Practice-Lösungen alle miteinander einen gravierenden Nachteil: Sie funktionieren nicht. Können sie gar nicht! Zu schauen, wie ein anderer ein ähnliches Problem schon mal erfolgreich gelöst hat, und diesen Ansatz dann auf das eigene Unternehmen anzuwenden, muss schiefgehen. Udo Walz mit seinem Friseurladen-Imperium konnte sich eine Rabatt-Werbeaktion leisten. Der Fahrradhändler aber definitiv nicht. Der eine hat Dutzende Friseurinnen in seinen Salons, die nicht immer zu 100 Prozent ausgelastet sind. Da können die Schnäppchenpreis-Neukunden ohne große Verluste in das laufende Geschäft integriert werden. Der andere muss jeden Neukunden im Schweiße seines Angesichts selbst bedienen – und lukrativere Aufträge dafür stehenlassen. Er steht eine halbe Stunde in seiner Werkstatt und inspiziert Fahrräder für ein Entgelt, mit dem er noch nicht einmal seine Miete bezahlen kann.

AB IN DEN SCHREDDER
mit dem Irrglauben, Best-Practice-Lösungen seien übertragbar.

Die Sache mit der Best Practice könnte selbst dann nicht funktionieren, wenn Vorreiter und Nachmacher tatsächlich identische Unternehmen und identische Probleme hätten – was in der Realität natürlich niemals vorkommt. Denn bis das Erfolgsprinzip des Best-Practice-Modells bekannt wird, vergeht Zeit. Bis Sie es übernommen haben, ebenso. Und zack – ist das Lösungsmodell veraltet. Längst überholt. Dann würden Sie versuchen, mit einer Lösung von vorgestern ein Problem von heute zu eliminieren.

Wenn Abkupfern aber nicht funktioniert – warum feiert es dann solche Erfolge? Der Grund ist einfach: Im Fokus liegt die Zeitersparnis.

Herr Wieland: „Das darf doch nicht wahr sein! Jetzt hat es auch noch die dritte Filmfirma verbockt. Die haben eine Location für den Dreh ausgesucht, die einfach gar nicht geht. Die Zusammenarbeit habe ich gerade beendet. Sind in dem Feld denn nur Idioten unterwegs?"

Herr Hellmann: „Nein, im Ernst jetzt? Anscheinend haben wir ein Händchen dafür, immer die Falschen zu beauftragen. Der Cousin von Herrn Schneider hat's nicht gebracht, und der Freund vom Sohn vom Chef hat mitten in den Filmarbeiten das Handtuch geschmissen. Wenn jetzt die Ultra-Super-Film GmbH aus den Gelben Seiten auch noch versagt hat, haben wir volle zwei Monte verloren!"

Herr Wieland: „Noch einen Fehlgriff können wir uns nicht erlauben! Wenn der Imagefilm nicht bis Ende März rauskommt, haben wir das Zeitfenster vor unserem Messeauftritt verpasst. Wir müssen jetzt bei der Auftragsvergabe von Anfang an sicherstellen, dass die Firma genau versteht, was wir brauchen. Und zeitnah liefern kann!"

Herr Hellmann: „Ich hab eine Idee, wie wir das erreichen. Bei der Tagung neulich hat mir Herr Schulze von der Firma Schmidt & Co. erzählt, dass sie bei Werbeaufträgen grundsätzlich mit einem Pitch arbeiten. Sie laden drei oder fünf Firmen ein, die einen Entwurf vorbereiten und beim verabredeten Termin vorstellen. Die beste wird dann beauftragt."

Herr Wieland: „Prima, dann machen wir das doch auch so! Was bei denen klappt, können wir auch. Bitte fragen Sie drei weitere Werbeagenturen an und setzen Sie den Pitch auf nächsten Freitag an. Wir haben keinen einzigen Tag mehr zu verlieren!"

Das Dumme ist nur: Weder Herr Wieland noch Herr Hellmann denken in diesem Moment daran, dass für ihre kleine Mittelstandsfirma die Filmagenturen nicht ganz so gerne in Vorleistung gehen werden wie für den renommierten Schmidt & Co-Konzern, der Millionenumsätze verspricht und sich in der Kundenliste hervorragend macht. Das merken die beiden aber erst, als zum Pitch keiner kommt. Dumm gelaufen.

Unter extremem Zeitdruck –„Oje! Eine Lösung muss her. Ich muss was tun! Jetzt sofort! Schnellschnell!" – greift man nach der vorgefertigten, schon bereit stehenden Lösung. Ein kurzer Blick darauf, wie es andere machen – schneller und einfacher kommt man zu keinem Ergebnis. Nichts als blinder Aktionismus! Und damit immer der Griff mitten in den Hundehaufen.

Es gibt noch eine weitere Möglichkeit, schnell an eine Lösung zu kommen – sogar in Sekundenbruchteilen. Leider führt dieser Ansatz genauso in die Irre.

Das Erstschlimmste

„Da machen wir mal schnell ...“ – „ist doch sonnenklar ...“ – „Taten statt Warten“ – „besser jetzt als nie“, das sind die Lieblingssprüche der unreflektierten Macher. Denjenigen, die in einer Krise einfach zur ersten Lösung greifen, die ihnen einfällt. Das ist aber, darauf möchte ich wetten, fast immer eine Lösung für das Symptom statt für das Problem. Also eine Scheinlösung.

Klar, irgendwie kann ich diese Leute verstehen. Sie stehen in der Verantwortung, Probleme schnell zu lösen. Oft stehen sie unter enormem zeitlichen Druck. Alle fünf Minuten fragt jemand bei ihnen an: „Haben Sie immer noch nichts unternommen?“ Niemand will sich eine Aussitzer-Mentalität nachsagen lassen.

Besonders in der Politik herrscht geradezu ein Zwang, im Nanosekundenbereich die öffentliche Meinung zu bedienen. Beim Skandal um den tödlichen Unfall auf der Gorch Fock, dem Schul-Segelschiff der Bundeswehr, hat man das sehr deutlich gesehen. Eine junge Kadettin fiel vom Mast und verletzte sich so schwer, dass sie kurz darauf starb. Schlimm! Die Wogen der öffentlichen Meinung kochten hoch, schnell stand der Verdacht im Raum, dass die Rekruten auf dem Schiff zu sehr getriezt würden und das Unfallopfer wegen Übermüdung abgerutscht sei. Das Verteidigungsministerium stand unter Druck, die Sache aufzuklären und Konsequenzen zu ziehen. Zack, wurde der Kapitän entlassen. Ohne ihn vorher anzuhören. Ob damit ein eventuelles Sicherheitsproblem gelöst wurde, wage ich zu bezweifeln. Aber die Politiker konnten vorweisen, dass etwas unternommen wurde. Das war die Hauptsache.

Auch im Büro kommt es immer wieder zu ähnlichen Schnellschüssen: Ein Mitarbeiter wird krank, und schnell wird beschlossen, dass eine Kollegin seine Aufgaben doch schnell mit übernehmen könne. Der Kranke erklärt ihr in zehn Minuten am Telefon, was ansteht. Das war's. Ab da muss sie in völlig fremden Projekten navigieren, mit Leuten kommunizieren, die sie kaum oder gar nicht kennt, und Lösungen für Probleme suchen, deren Stammbaum sie nicht kennt. Kein Wunder, dass dabei das eine oder andere danebengeht.

Die Versuchung, unter Zeitdruck zur naheliegendsten Lösung zu greifen, ist groß. Aber die naheliegendste ist in der Regel diejenige Lösung, die das Symptom bekämpft, das auf den ersten Blick ins Auge springt. Oder diejenige, zu der man unter ähnlichen Umständen schon mal gegriffen hat. Es handelt sich also um vorgeschnitzte Lösungen im Kopf. Die sehen oft ganz schön überzeugend aus, weil sie eine schnelle Umsetzung versprechen. Aber so ist es nicht.

Tschakka-Typen sind übrigens besonders gefährdet, zur erstschlechtesten Lösung zu greifen. Damit meine ich diejenigen Menschen, die in der Lage sind, sich selbst schnell in Begeisterung zu versetzen und die eigene Motivation hochzuhalten, egal wie widrig die Umstände sind. Die sich sagen: „Du schaffst es! So geht es!“, und jeden Keim eines Zweifels in sich ersticken. So packen sie ihre erste gefundene Lösung ganz schnell an und setzen sie um – ohne weiter darüber nachzudenken, ob es auch die sinnvollste Lösung ist.

In Unternehmen haben die Tschakka-Typen eher geringe Überlebenschancen. Dafür sorgt die natürliche Selektion. Denn ein Tschakka-Typ auf einer verantwortlichen Position wird vielleicht einmal durch pures Glück mit einer Schnelllösung einen spektakulären Erfolg erzielen, dafür dann aber beim nächsten Mal einen spektakulären Fehlgriff, der seinen Arbeitgeber Millionen kostet. Da er seine Scheinlösung lautstark verkündet hat, ist er leicht als der Verantwortliche auszumachen – und wird hochkant gefeuert. Tschakka-Typen überleben also in der freien Wirtschaft meist nicht lange. Dort können sich eher die Best-Practice-Typen halten. Denn die übernehmen keine Eigenverantwortung. Wenn es schiefgeht, können sie immer noch sagen: „Aber wie sollte ich das vorausahnen? Bei den anderen hat es doch auch funktioniert!“ Damit sind sie auf der sicheren Seite. Für ihr Unternehmen bringen sie aber genauso wenig wie die Tschakka-Typen.

In Behörden, Ämtern und ähnlichen Institutionen haben dagegen beide Typen eine gute Chance, eine Nische zum Überleben zu finden. Unternehmen können es sich auf Dauer nicht leisten, Scheinlösungen zu finanzieren. Behörden schon. Denn da kommt der Nachschub in Form von Steuergeldern ganz automatisch.

Und dann gibt es noch eine dritte Form der Schnelllösungen: die Bauchentscheidungen. Die liebe ich besonders!

Mein Bauch gehört mir!

Die Verhandlungen sind schon weit gediehen. Der Umfang der möglichen Kooperation und die Konditionen sind geklärt. Jetzt kommt die entscheidende Frage an den potenziellen Geschäftspartner. Rainer Muster holt tief Luft.

„Könnten Sie mir jetzt noch bitte Ihr Geburtsdatum sagen?"

„Wozu das denn?" Sein Gegenüber am anderen Ende der Telefonleitung reagiert verdutzt.

„Wissen Sie, wenn ich so eine große Kooperation eingehe, dann ist mir wichtig, dass die Chemie stimmt. Dass ich mit meinem Geschäftspartner auf einer Wellenlänge liege. Ich habe die Erfahrung gemacht, dass nur dann die Zusammenarbeit wirklich funktioniert und richtig gute Ergebnisse entstehen. Finden Sie nicht auch?"

„Ja, sicher. Ich verstehe nur nicht ganz, was mein Geburtsdatum damit zu tun hat."

„Wissen Sie, meine Frau hat eine hervorragende Intuition. Sie kann auspendeln, ob unsere Sternzeichen zusammenpassen. Und dafür braucht sie eben Ihr Geburtsdatum."

Ein bisschen zögert der potenzielle Geschäftspartner, aber schließlich rückt er doch mit seinem Geburtsdatum raus. Rainer Muster bedankt sich freundlich, verabschiedet sich und bringt den Notizzettel seiner Frau. Die sitzt schon im Schneidersitz im kleinen Besprechungsraum, hat zwei Kerzen angezündet und das Schälchen mit den Sternzeichen-Steinen vor sich stehen. Sobald Rainer ihr das Geburtsdatum nennt, greift sie zielsicher den richtigen Stein für den Geschäftspartner heraus und legt ihn auf das bunt ausgemalte Mandala. Dann beginnt sie zu pendeln.

Fünf Minuten später blickt sie auf und lächelt strahlend: „Das harmoniert wunderbar! Passt perfekt, das weiß ich einfach. Rainer, diese Zusammenarbeit wird großartig funktionieren!“

„Toll“, freut sich ihr Mann. „Dann gehe ich schnell und sage ihm zu!“

•••••••••

Falls Sie jetzt denken: Das gibt es doch gar nicht, kein Mensch würde seine Geschäftsentscheidungen auspendeln! – doch, das gibt es. Das weiß ich genau, denn der Geschäftspartner am anderen Ende der Telefonleitung war ich. Und ich kann Ihnen eines sagen: Mit keinem anderen Geschäftspartner war die Zusammenarbeit jemals so schwierig wie mit diesem Rainer Muster, der natürlich anders hieß. Wir hatten unterschiedliche Vorstellungen über Ziele und Methoden, wir redeten aneinander vorbei, ständig kam er und wollte etwas ganz anderes von mir, als abgesprochen war (fand ich, während er wohl fand, dass ich ihm ständig ausweiche). Wir kamen keinen Schritt vorwärts und regten uns pausenlos übereinander auf. Die gesamte Geschäftsbeziehung war eine einzige Vollkatastrophe! Am Ende habe ich den Vertrag gelöst – und als ich ihm das sagte, hat er tief aufgeatmet. Harmonisierende Sternzeichen, das intuitive Gespür seiner Frau für eine gute Geschäftsbeziehung – von wegen! Ein intuitiver Griff ins Braune war das!

Ich habe mich immer gewundert, wieso man mit dem Satz: „Das habe ich rein intuitiv gemacht“ den reinsten Schwachsinn adeln kann. Von mir aus sollen sich die Leute bei der Auswahl ihrer Klangschalen auf ihr Bauchgefühl berufen, aber doch bitte nicht, wenn es um Arbeitsabläufe geht! Wenn ich ein Organisationsproblem aus der Welt schaffen will, brauche ich glasklare Entscheidungsgrundlagen. Problemlösung ist reine Arithmetik – da hilft es nichts, wenn jemand sagt: „2 plus 2? Ich hab so das Gefühl, das gibt 5 …“

Zugegeben: Bei einem Personalverantwortlichen, der zwischen zwei Bewerbern für eine Stelle wählen soll, kann das Bauchgefühl eine wichtige Rolle spielen. Doch worauf gründet sich seine Intuition? Er hat die Bewerbungsunterlagen genauestens gesichtet, er hat mehrere Bewerbungsgespräche geführt. Er hat zugehört, Fragen gestellt. Das alles sind seine Basisdaten. Sie sind die Grundlage für die Auswahl der neuen Stellenbesetzung. Ich kenne keinen Personalchef, der Zeugnisse und Lebenslauf beiseitelegt und sagt: „Brauch ich alles nicht – ich hab ja meine Intuition."

Intuition ist die rasche und unbewusste Auswertung des Wissens, das Ihnen bereits zur Verfügung steht. Also Ihrer bisherigen Erfahrungen. Je mehr Erfahrungen Sie bisher gemacht haben, desto zielsicherer ist Ihre Intuition. Logisch. Aber da die Auswertung unbewusst und blitzschnell erfolgt, kann es Ihnen passieren, dass Sie manche Informationen völlig falsch einordnen – oder dass Sie Informationslücken auffüllen, indem Sie einfach von dem, was Sie wissen, auf das schließen, was Sie nicht wissen. Wenn Sie von einem Kind nur wissen, dass es in Französisch und Mathe gut ist, gehen Sie intuitiv davon aus, dass es in der Schule insgesamt gut ist. In Wirklichkeit ist es vielleicht in Englisch und Physik eine Niete. Genauso groß ist die Gefahr, Beurteilungen von einem Fall auf einen ganz anderen zu übertragen und so zu eklatanten Fehlurteilen zu kommen. Wenn Sie zufälligerweise zwei unzuverlässige Menschen namens Markus kennen, werden Sie dem dritten Markus, der Ihnen vorgestellt wird, intuitiv mit Misstrauen begegnen.

Die große Falle beim intuitiven Denken ist: Sie glauben, mit den Informationen auszukommen, die Sie bereits haben. Sie glauben, die erste Lösung, die Ihnen plausibel vorkommt, sei automatisch die beste. Deswegen versuchen Sie gar nicht mehr, neue Informationen zu gewinnen und nach neuen Lösungsansätzen zu suchen. So gelangen Sie zu Scheinlösungen und Fehlentscheidungen.

Manchmal gibt es allerdings Fälle, bei denen Intuition auch wertvoll sein kann. Zum Beispiel dann, wenn sie Ihnen signalisiert: Irgendetwas stimmt da nicht!

Ich habe mich zum Beispiel mal breitschlagen lassen, einen IT-Kurs für Erwachsene zu leiten, die den Hauptschulabschluss nachholen wollten. In diesem Kurs saß eine junge Frau, die die ganze Zeit kein Wort sagte, auf nichts, was besprochen wurde, reagierte und nur aus dem Fenster starrte. Mein Verstand sagte mir: Die sitzt nur die Stunden ab, weil der Kurs halt zur Ausbildung dazugehört. IT interessiert die nicht die Bohne!

Aber meine Intuition sagte mir: „Irgendwas stimmt da nicht!" Ich sprach sie an – und fand heraus: Die junge Frau konnte kaum Deutsch. Was im Kurs besprochen wurde, rauschte an ihr vorbei. Sie wollte gerne den Umgang mit IT lernen – nur konnte sie es in meinem deutschsprachigen Kurs nicht. So brachte das natürlich überhaupt nichts. Ich wandte mich an die Veranstalter der Bildungsmaßnahme und erreichte, dass die Frau statt dem IT-Kurs einen Deutschkurs bezahlt bekam.

Intuition ist als erstes Warnsignal sinnvoll. Aber auf diesen Alarm hin ist es unbedingt nötig, rational weiter nachzuforschen! Ohne bewusstes Denken landen Sie ganz schnell auf dem falschen Dampfer. Fehlannahmen verfestigen sich und Sie verrennen sich in den falschen Lösungsweg.

Sich blind auf die eigene Intuition zu verlassen ist genauso gefährlich, wie sich auf Best-Practice-Lösungen zu stürzen oder zur erstschlechtesten Lösung zu greifen. In allen drei Fällen gilt: Schnelle Lösungen reißen das eigentliche Problem niemals mit der Wurzel aus. Schlimmer noch: Mit raschen Lösungen züchten Sie nur neue Probleme heran.

AB IN DEN SCHREDDER
mit den erstbesten Lösungen. Sie tragen ihren Namen völlig zu Unrecht: Sie drängen sich zwar zuerst auf, sind aber gewiss nicht die besten!

Der Lösungsdetektor

Wenn Sie sich auf schnelle Lösungen nicht verlassen können – wie finden Sie dann eine Lösung, mit der Sie Ihr Problem tatsächlich fertigmachen können? Damit nicht mehr das Problem Sie fertigmacht, sondern Sie das Problem, müssen Sie vier Schritte gehen.

- Schritt 1: Aufheizen – Wie Sie kettensprengende Unzufriedenheit wirken lassen
- Schritt 2: Perspektivwechsel – Wie Sie vom Problem zum Bedarf kommen
- Schritt 3: Füllhorn – Wie Sie Lösungsansätze generieren
- Schritt 4: Ernte – Wie Sie die die finale Lösung auswählen

Schritt 1: Aufheizen - Wie Sie kettensprengende Unzufriedenheit wirken lassen

„Schwieriges Thema, da haben sich bei uns im Haus schon ganz andere die Zähne daran ausgebissen."

„Uns wäre ja schon geholfen, wenn wir das Problem wenigstens ein bisschen in den Griff bekommen könnten!"

„Es gibt eben Dinge, für die gibt es einfach keine Lösung!"

Wie oft habe ich solche Sätze schön gehört, wenn ich in ein Unternehmen gerufen wurde! Das alles sind reine Kapitulationserklärungen. Man hat sich arrangiert, der Alltagswahnsinn im Büro ist klammheimlich in die Agenda aufgenommen worden.

Wie kommen Sie aus dieser jede Arbeitsfreude abtötenden, Lebenszeit verschlingenden und in bodenlose Abgründe hinunterziehende Duldungsstarre heraus? Ganz einfach: Sie machen sich selbst die Folgen unmissverständlich klar. Schonungslos und über die Schmerzgrenze hinaus. Durchdenken Sie bis in die letzte Konsequenz, welchen Rattenschwanz an Problemen jedes einzelne Problem nach sich zieht – und immer weiter nach sich ziehen wird. Bis zur Rente, wenn Sie nicht endlich aktiv werden!

Angenommen, Sie haben es satt, ein paar Mal im Jahr in Meetings gerufen zu werden, in denen es nur darum geht, welche Teammitglieder den kommenden Brückentag nehmen dürfen und welche nicht. In den letzten Jahren haben Sie immer mitgemacht: „Na ja, es ist ja nur eine halbe Stunde. Das sitze ich aus und kann nebenher noch ein paar Mails erledigen."

Wenn Sie aber den Blick weiten und sich klarmachen, was diese Zeitverschwendung tatsächlich bedeutet, dann werden Sie wütend. Und aus dieser Wut gewinnen Sie mehr Energie, als ein sibirisches Kohlekraftwerk liefert.

„Das darf doch wohl nicht wahr sein! Da sitzen wir dreizehn zusammen, nur um uns abzusprechen, wer von uns am Brückentag zu Hause bleiben darf. Die hier abgesessene Zeit muss ich heute Abend hinten dran hängen. Jede verdammte Minute, die ich hier sitze, ist eine Minute, die ich heute meine Familie nicht sehe. Das macht mich super-mega-wütend! Das ist ja auch nicht nur die halbe Stunde, die ich höchstpersönlich hier verplempere. Es sind dreizehn Leute, die hier eine halbe Stunde zusammenhocken und von ihrer Arbeit abgehalten werden. Sechseinhalb Arbeitsstunden, nur um klarzustellen, wer von uns am Freitag hier die Stellung halten muss! Das allein ist ja schon fast ein Arbeitstag! Ich halte das nicht mehr aus! Wenn wir jetzt kein endgültiges Procedere für Brückentage finden, schlage ich hier noch alles kurz und klein!"

Genau diese Empörung ist es, die Ihren Willen stärkt, das Problem wirklich zu lösen. Also raus aus dem Ärgern, rein in die unbändige Wut! Wenn Ihre Fingerknöchel weiß und die Sehnen am Hals sichtbar werden, dann können Sie ruhig noch eine Schippe drauf legen. Wenn Sie in der Brust Krämpfe spüren, weil Sie vor Zorn zittern, dann ist es gerade richtig. Dann haben Sie Betriebstemperatur erreicht. Diese Wut ist es, die in Ihrem Kopf den Schalter umlegt. Dann wird aus der Devise „Aushalten" der Schlachtruf: „Schluss damit, verdammt noch mal!"

Schritt 2: Perspektivwechsel - Wie Sie vom Problem zum Bedarf kommen

In Kapitel 2 haben Sie erfahren, wie Sie die eigentlichen Probleme, die sich hinter den vordergründigen Missständen verbergen, identifizieren. Zum Beispiel:

- Sie sind schon um 9.40 Uhr ausgepowert, weil Sie gleich die ersten 40 Minuten Ihres Bürotags damit verbringen, aus den aufgelaufenen Mails die wirklich relevanten herauszusortieren und zu beantworten.
- Jedes Jahr im August geht der Umsatz Ihrer Abteilung in die Knie, weil die Urlaubsübergabe vorne und hinten nicht klappt.
- Sie müssen immer wieder Termine absagen, weil Sie jeden Morgen im Stau stehen.

In diesem zweiten Schritt ändern Sie die Perspektive auf das, was schiefläuft: Aus der Beschreibung des Mangels machen Sie die Analyse Ihres Bedarfs. Sie sagen also nicht mehr: „Meine Lust am Arbeitstag geht schon ab der allerersten Minute im Büro verloren, weil ich mich jeden Morgen mit dem Aussortieren der zu 90 Prozent sinnfreien oder überholten Mails beschäftige", sondern Sie fragen sich: „Wie schaffe ich es, dass ich mich gleich morgens früh mit frischen Kräften auf den wahren Kern meiner Arbeit stürzen kann?"

Wenn Sie diese Frage, die Sie zu Ihrem Zielzustand führt, in einem Satz zusammengefasst haben, dann haben Sie diesen zweiten Schritt schon erledigt. Weil Sie das Problem in Kapitel 2 bereits klar umrissen haben, geht das praktisch von selbst. Das ist, wie wenn Sie einen Pullover von rechts auf links wenden müssten – keine Gefahr, sich zu verirren.

Die Liste mit den exakt formulierten Bedürfnissen sieht nun also so aus:

- Sie wollen nicht durch lästige Mails ausgebremst werden.
- Sie wollen keinen Sommerloch-Gewinnausfall.
- Sie wollen pünktlich in Ihrer Firma ankommen.

Damit sind die Vorarbeiten erledigt. Sie haben Ihren Leidensdruck erhöht, so dass der Kessel pfeift. Und Sie haben klargemacht, wohin genau Sie wollen. Jetzt geht es an die eigentliche Arbeit: die Suche nach der Lösung.

Schritt 3: Füllhorn - Wie Sie Lösungsansätze generieren

Aufpassen! Jetzt dürfen Sie nicht in alte Verhaltensweisen abdriften. Sie haben ein Bedürfnis und wollen es befriedigen. Sie müssen jetzt unbedingt vermeiden, sofort loszurennen, nur weil Sie schon einen Lösungsvorschlag im Kopf haben. Wenn Sie sich oder andere sagen hören:
„Da muss man doch nur …"
„Der Chef müsste nur festlegen, dass …"
„Lasst uns doch schnell mal …"
sollten bei Ihnen die Alarmglocken schrillen. In dem Beispiel mit den Mails wäre so eine Ist-doch-ganz-einfach-Lösung: „Schau doch Deine Mails erst am späten Vormittag an! Dann hast Du schon eine Menge geschafft, bist guter Stimmung und kannst den ganzen Spam locker aussortieren. Dann gehst Du zufrieden in die Mittagspause."

Aber das alles ist genau der Kram, den Sie nicht mehr wollen! Von schnellen Lösungen, die ein Ärgernis nur oberflächlich angehen, haben Sie in der Vergangenheit genug gehabt. Denn 40 Minuten Arbeit für etwas, was Sie rasend macht, weil es so sinnlos ist, bleiben auch dann 40 sinnlose Minuten, wenn Sie sie etwas später als gewohnt angehen.

Schluss damit! Jetzt wollen Sie das Problem mit der Wurzel herausreißen. Für das Erz-Problem brauchen Sie nicht irgendeine Lösung, sondern die Erz-Lösung. Aber wie kommen Sie daran?

Der Trick in diesem dritten Schritt besteht darin, sich nicht eine Lösung für das Problem zu überlegen, sondern ganz viele. So viele wie möglich. Denn um eine perfekte Lösung zu finden, brauchen Sie Auswahlmöglichkeiten. Genauso gehen Sie bei der Wohnungssuche doch auch vor! Da unterschreiben Sie auch nicht gleich den ersten Mietvertrag, der Ihnen unter die Nase gehalten wird. Genauso wenig schlagen Sie beim Telekommunikations-Angebot zu, das Ihnen der nächstbeste Provider für den Anschluss im Büro vorlegt. Nein, Sie holen immer mehrere Angebote ein. Und dann vergleichen Sie und picken sich das Beste heraus.

Genauso verhält es sich mit den Lösungsansätzen für Ihr Problem. Nur wenn Sie ein ganzes Bündel davon vor sich liegen haben, haben Sie die Chance, dass sich die eine darunter befindet, die Sie für alle Zeiten von Ihrem Elend befreit. Und eines dürfen Sie mir glauben: Das ist in den seltensten Fällen die, die von Anfang an im Gespräch war, oder die, an die Sie zuerst gedacht haben.

Wie kommen Sie nun an einen Korb voll Lösungen? Gerade wenn schon eine dieser Ist-doch-ganz-klar-Lösungen bei Ihnen im Kopf herumspukt, ist es schwer, weitere Ideen zu generieren. Die bereits vorliegende Lösung lässt Ihre Kreativität auf ein Minimum schrumpfen. Ihr Gehirn ist nun mal darauf geeicht, den kürzesten Weg zu gehen.

Sie überlisten Ihren Energiespar-Denkmodus, indem Sie eine Checkliste abarbeiten. Diese Liste enthält Kriterien, die Einfluss auf Ihr Problem bzw. auf dessen Lösung haben könnten. Sie sind der Steigbügel, mit dessen Hilfe Sie auf Pegasus' Rücken klettern, der Sie dann ins Reich der Kreativität trägt. Dorthin, wo es keine Grenzen für Ideen gibt.

Diese Faktoren, die Sie nacheinander durchspielen, sind:

- Zeit
- Ort
- Geld
- Material
- Personen

Vielleicht fällt Ihnen auch, zum Beispiel abhängig von der Branche, in der Sie tätig sind, noch der eine oder andere weitere Faktor ein. Wenn Sie im produzierenden Gewerbe tätig sind, wäre auch ein Faktor Qualitätsstandard denkbar. Oder das Kriterium Kundenfreundlichkeit, wenn Sie im Verkauf arbeiten.

Diese Faktoren sind die Stellschrauben, an denen Sie drehen können, um Ihr Problem zu lösen. Spielen Sie ein wenig an diesen Schrauben herum! Malen Sie sich aus, was passiert, wenn der jeweilige Faktor keine Rolle spielen würde. Oder wenn er im Überfluss vorhanden wäre. Oder wenn er der alleinige Grund für Ihr Problem wäre. Oder …

Am Beispiel des überlaufenden Mail-Eingangs zeige ich Ihnen, wie das genau funktioniert.

Faktor Zeit

Malen Sie sich aus, Sie könnten Zeit vervielfachen. Zum Beispiel, indem Sie Arbeit parallelisieren. Ihr Lösungsansatz: Sie kommandieren jemanden aus dem Team ab, der eine halbe Stunde vor Ihnen ins Büro kommt, die offensichtlichen Schrott-Mails direkt löscht und die einfachen Vorgänge und Anfragen erledigt. Dann bleiben nur noch zehn oder zwanzig Mails, die Sie persönlich bearbeiten müssen.

Wie wäre es, wenn Sie die Mails viel schneller sichten könnten? Statt 40 Minuten bräuchten Sie nur noch fünf. Wie ließe sich das erreichen? Gibt es eine Software, die Sie dabei unterstützt? Ihr Lösungsansatz: Sie kaufen ein Hilfsprogramm, das Spam und Listen von Kantinenessen direkt herausfiltert.

Sie beschäftigen sich mit den Mails dann, wenn die meisten anderen schon gegangen sind. Dann haben Sie Muße dazu. Ihr Lösungsansatz: keine Mails vor 18 Uhr.

Stellen Sie sich vor, Zeit würde keine Rolle spielen. Dann hätte Ihr Tag hundert Stunden. Oder tausend. Dann könnten Sie jede einzelne Mail ausführlich beantworten. Auch der nigerianische Prinz, der Ihnen mal wieder einen 36-Milllionen-Dollar-Deal anbietet, bekommt dann eine freundliche Absage. Ihr Lösungsansatz: Sie beantworten alle Mails ausführlich und lassen darüber alles andere schleifen.

Dieses Spiel können Sie noch weiter spielen. Auch für Ihr eigenes Problem kommen Sie bestimmt auf drei, vier Lösungsansätze. Wichtig ist: Lassen Sie alle Bedenken in dieser Phase einfach beiseite! Wir wollen hier wie in einem Brainstorming Lösungsansätze sammeln. Bewertungen kommen erst später!

Faktor Ort

Sie müssen die Mails ja nicht im Büro checken. Wenn Sie diese Arbeit bereits zu Hause erledigt haben, können Sie im Büro gleich ganz entspannt mit den wichtigen Organisationsaufgaben beginnen. Ihr Lösungsansatz: Sie erledigen den Maileingang bereits daheim.

Es ist nicht von vornherein klar, welche der Faktoren für ein Problem relevant sind. Manchmal sind es alle, oft taucht der eine oder andere Faktor in der Rechnung überhaupt nicht auf. Insgesamt ist das Kriterium Ort nicht ganz so ergiebig für das Problem mit den Mails. Für andere Probleme sieht das schon wieder ganz anders aus. Ein Mittelständler im Sauerland oder im Erzgebirge wird sich über den Faktor Ort viele Gedanken machen müssen, wenn er das Problem Fachkräftemangel angehen will.

Faktor Geld

Dies ist ein Kriterium, das erfahrungsgemäß bei sehr vielen Problemen eine zentrale Bedeutung hat und Ideen nur so sprudeln lässt.

Wenn Geld keine Rolle spielt, könnten Sie jedem Teammitglied, Kunden und Kollegen zehn Euro in die Hand drücken, wenn sie Ihnen einen Arbeitstag lang keine Mail schickten. Oder hundert Euro. Diese Maßnahme würde die Mailflut mit Sicherheit deutlich eindämmen.

Sie könnten sich ein sündhaft teures Programm anschaffen, das anhand von personalisierten Wortfiltern wichtige von unwichtigen Mails trennt. Dann schauen Sie sich nur noch die Mails an, die auf der Prio-Liste ganz oben stehen.

Halt! Einen ganz ähnlichen Lösungsansatz hatten Sie doch schon? Stimmt. Sie werden schnell merken, dass sich manche Lösungsvorschläge parallel bei der Betrachtung unterschiedlicher Kriterien aufdrängen.

Auch bei anderen Problemen ist die Überlegung: „Was wäre, wenn wir nicht aufs Geld schauen“ durchaus sinnvoll. Zum Beispiel, wenn es um Reisekostenabrechnungen in einer kleinen Firma geht. Stellen Sie sich drei Service-Techniker vor, denen vertraglich die Übernahme ihrer Verpflegungskosten zusteht. Jeden lieben Tag reichen sie Abrechnungen ein: 7,90 Euro Frühstück,

25,80 Euro Mittagessen. Oder 5,60 Euro Frühstück und 33,20 Euro Mittagessen. Fünfmal die Woche, 48 Wochen im Jahr. Eine Office-Kraft ist ein paar Arbeitsstunden im Monat damit beschäftigt, diese Belege zu sortieren, Summen zu bilden und das Geld auf den Cent genau zu überweisen. Und auch die Techniker selbst verbraten jede Menge Zeit damit, die Belege zu sammeln und einzureichen. Dann sind da noch die endlosen Diskussionen: Sind 30 Euro für ein Mittagessen noch okay, oder soll der Techniker das nächste Mal gefälligst auf den Nachtisch verzichten? Und die verlorenen Belege. Hey, Herr Schmidt! Jetzt wird's aber kritisch! Schon vier verbummelte Belege diesen Monat …

Es wäre weitaus billiger, folgende Entscheidung zu treffen: „Vergesst das mit den Belegen! Ihr bekommt jeden Monat 200 Euro extra überwiesen." Eine großzügige Regelung, die aber auch für das Unternehmen ein Problem weniger bedeutet. Denn statt der Abrechnungen können sich alle Beteiligten nun wichtigeren Dingen zuwenden.

Die Faktoren Mittel und Personen

Klar, dass sich diese beiden Faktoren oft mit dem Faktor Geld überschneiden. Aber nicht immer. Denn mit Geld lässt sich zwar Vieles kaufen – aber nicht alles. Beziehungen zum Beispiel, oder Netzwerke. Vertrauen. Respekt können mit Geld nicht erworben werden.

Auch einige materielle Dinge sind für Geld nicht zu haben. Wenn ein Unternehmen seine Betriebsfläche vergrößern und unbedingt ein angrenzendes Grundstück dazukaufen will, dann ist das nicht immer mit Geld zu lösen. Ein Stück vom Naturschutzgebiet kann gar nicht verkauft werden.

Für das Problem mit den Mails kann man sich folgende neue Lösungsansätze ausdenken:

- Sie beantworten die Mails nur noch stichprobenartig.
- Sie finden eine kongeniale Sekretärin, die die Mails für Sie vorsortiert, die meisten davon löscht oder selbst beantwortet und nur diejenigen, die für Sie unbedingt wichtig sind, an Sie weiterleitet.
- Sie lassen in Ihren Arbeitsvertrag den Passus aufnehmen, dass Mails zu beantworten nicht zu Ihren Aufgaben gehört.

Anhand all dieser Beispiele haben Sie ein Gefühl dafür bekommen, wie Sie diese Faktoren auf Ihr eigenes Problem anwenden können. Merken Sie, wie die Faktoren Ihre Denksperren aushebeln und den Blick weiten? Indem Sie ein Kriterium nach dem anderen beleuchten, sammeln Sie einen Lösungsansatz nach dem anderen. Im Grunde ist das nichts anderes als ein klassisches Brainstorming – nur mit einem Extra-Turbo.

Ein Kriterium fehlt allerdings noch in der Aufzählung: die Radikallösung. Für das Beispiel mit den Mails hieße das: Sie beantworten überhaupt keine Mails mehr. Oder wenn es Sie ärgert, dass die Urlaubsübergabe misslingt, dann fragen Sie sich: Wie wäre es, wenn wir gar keinen Urlaub mehr hätten? Oder nur noch Urlaub?

Noch einmal anders dekliniert: Wenn Sie es satt haben, im Stau zu stehen, und endlich pünktlich zur Arbeit kommen wollen, dann fragen Sie sich: Muss ich denn fahren? Ich könnte auch einen Hubschrauber nehmen. Oder: Muss ich denn überhaupt zur Arbeit fahren? Sie könnten sich selbstständig machen und von Zuhause aus arbeiten.

Mit solchen Gedanken loten Sie die Extreme aus. Die Perspektiven, die sich Ihnen durch das Abchecken der Faktoren eröffnet haben, erreichen nun noch einmal eine ganz neue Dimension.

Wie viele Unternehmen haben noch um 2010 herum in neue, gigantische Server investiert, nur weil sie festgefahren waren in Überlegungen wie: „Mist! Unserem Server geht die Puste aus. Wir müssen einen mit mehr Speicherkapazität anschaffen. Aber welches Modell? Wie viel Speicherkapazität müssen wir einkaufen, damit wir für die nächsten fünf Jahre gerüstet sind?“ Hätten sie sich die Frage gestellt: „Brauchen wir wirklich einen Server?“, wären sie wohl auf die Lösung gekommen, ihre Daten in der zu jener Zeit erfundenen Cloud zu speichern.

Nachdem Sie all diese Faktoren durchgespielt haben, verfügen Sie garantiert über eine breite Auswahl an Lösungsansätzen. Völlig verrückte, und ein paar weniger verrückte. Im nächsten Schritt geht es darum, diese Auswahl wieder einzudampfen. So lange, bis am Ende die perfekte Lösung übrig bleibt.

Schritt 4: Die Ernte – Wie Sie die finale Lösung auswählen

In Schritt 4 haben Sie eine breite Auswahl an Lösungsansätzen generiert. Glückwunsch! Nun geht es daran, diese Anzahl wieder einzudampfen. Aber was geht über Bord und was bleibt? Wenn Sie vorschnell urteilen, kann es sein, dass Ihre perfekte Lösung auf Nimmerwiedersehen verschwindet. Noch einmal: Weg mit der Intuition! Besser ist es, ein unbestechliches Raster anzulegen. Also wieder eine Checkliste. Nur eine Lösung, die an allen Checkpoints ein Häkchen bekommt, wird Ihr Problem fertigmachen.

1. Checkpoint: Die Lösung muss einfach sein.
2. Checkpoint: Die Lösung muss personenunabhängig sein.
3. Checkpoint: Die Lösung darf keine neuen Probleme nach sich ziehen.
4. Checkpoint: Nebeneffekte müssen verschmerzbar sein.

Dass die Lösung einfach sein muss, leuchtet ein. „Zuerst den Nippel durch die Lasche ziehen …“ funktioniert nicht auf Dauer. Sie können ein Problem nicht durch eine Computeranwendung lösen, wenn Sie alle Mitarbeiter erst mal eine Woche auf Schulung schicken müssten, damit die lernen, wie man mit dem neuen System umgeht. Klappt nicht!

An diesem Beispiel wird klar, dass die ersten drei Checkpoints eng miteinander verwoben sind. Wenn die Lösung nicht einfach ist, dann ist sie auch nicht übertragbar. Und damit ist sie personengebunden. Sobald Sie eine Lösung wählen, die von einer einzigen Person abhängt, ist der Ärger vorprogrammiert.

Auch eine einfache Lösung kann personengebunden sein. Meistens sind das Lösungen nach dem Schema: „Ich erledige das lieber selbst.“ Toll! Sie können das bestimmt prima! Aber was ist, wenn Sie im Urlaub oder auf einer Messe sind? Wenn andere Arbeiten Sie in Anspruch nehmen? Dann ploppt das ursprüngliche Problem genau dort wieder auf, wo Sie versucht haben, es unter Wasser zu drücken. Bumerang!

Es ist auch kein Fortschritt, wenn Sie das eine Problem mit einer noch so einfachen Lösung wegdrücken, sich aber dafür ein neues Problem einhandeln. Oder gleich mehrere.

Die Geschäftsleitung eines Unternehmens ist unzufrieden mit der Geschäftsentwicklung. Einen Grund für die Stagnation sieht sie in der schlechten Qualität der zur Verfügung stehenden Planungsdaten. Sie will mehr Planungssicherheit. Die Lösung von der Stange: ein Customer-Relationship-Management-Programm als Planungstool. Ganz schön teuer, aber man kann es sich leisten.

Der Effekt: Die GL hat jetzt für ihre monatlichen Sitzungen Super-Plandaten. Auf Tastendruck spuckt das System die Ergebnisse der vergangenen Wochen aus und auch die Forecasts der einzelnen Abteilungsleiter. Aber die Verkäufer werden dadurch nicht besser, die Planung sieht zwar immer toll aus, aber die reale Entwicklung hat sich keinen Deut gebessert. Ganz im Gegenteil. Die Stimmung im Unternehmen ist noch schlechter geworden. Denn die Verkäufer sind sauer, weil sie abends, wen sie eigentlich gehen wollen, noch schnell das System füttern müssen.

Vermeiden Sie Problem-Kettenreaktionen! Die gibt es in Unternehmen genauso wie in der freien Natur. Um Blattläuse mit biologischen Mitteln zu bekämpfen, haben Gärtner in den 1980er Jahren den asiatischen Marienkäfer eingeführt, da er noch mehr Blattläuse frisst als sein einheimischer Vetter. Problem gelöst? Womit keiner gerechnet hat: Der asiatische Käfer ist resistenter gegen Krankheiten als der europäische. Als der Einwanderer aus den Gewächshäusern ausbüxte, übertrug er eine tödliche Krankheit auf die einheimischen Arten. Aufgrund seiner massenhaften Vermehrung ist der Käfer aus Fernost inzwischen zum Problem geworden. Zum Beispiel im Weinbau. Dort gelangen die Tiere in großer Zahl in die Maische und verderben den Wein mit ihren chemischen Verteidigungsstoffen.

Seien Sie also vorsichtig, wie Sie ein Problem lösen, und prüfen Sie genau, welche Folgen Ihre Lösung haben wird. Ganz ohne Nebeneffekte wird es kaum abgehen. Aber so lange die verschmerzbar sind …

An dieser Stelle noch ein wichtiger Hinweis: Lassen Sie sich nicht von all den „Aber was ist, wenn …"-Kreischern verunsichern. Wenn die Lösung vorsieht, an jedem 1. des Monats ein kurzes Meeting in der Teeküche zu veranstalten, dann sollten Sie diesen Ansatz nicht über Bord schmeißen, nur weil der 1. Mai immer ein Feiertag ist. Cool bleiben! Das ist kein ausgewachsenes Folgeproblem, sondern lässt sich aus der Welt schaffen, indem man sich im Mai eben am 2. des Monats trifft. So what!?

Der wichtigste Checkpoint zum Schluss: Die Lösung muss dem Ziel dienen. Diese Forderung hört sich vielleicht merkwürdig an, aber dieser letzte Punkt ist der wichtigste. Sie könnten nun sagen: Deswegen ist sie doch ausgesucht worden! Dass die Lösung zum Problem passt, ist doch selbstverständlich!

Nein, ist es nicht.

••••••••

März 2013. Vorletztes Rennen in Khanty-Mansiysk: Einer der erfahrensten deutschen Biathleten liegt auf der dunklen Matte im Schnee. Andreas Birnbacher hat gute Chancen auf seinen dritten Saisonsieg. Birnbacher kontrolliert seine Atmung und zielt. Peng! Getroffen! Die erste der fünf kleinen weißen Scheiben im Zielfeld klappt nach hinten; zurück bleibt ein schwarzes Loch. Noch ein Schuss. Wieder getroffen! Stück für Stück erledigt Birnbacher die Scheiben. Am Ende gähnen fünf Löcher aus dem Zielfeld. Aber es sind die falschen! Birnbacher hat sich vertan und das Zielfeld seines Nachbarn abgeräumt. Sein eigenes Zielfeld steht noch vor ihm, alle Scheiben noch unberührt. Er muss fünf Strafrunden laufen und wird am Ende nur Neunzehnter.

Wer gewinnen will, muss wissen, wo genau seine Zielscheibe steht. Im Büroalltag bedeutet das: Sie müssen sicherstellen, dass Ihre Lösung auch tatsächlich auf das Ziel einzahlt. Und vor allem: dass Sie und Ihr Team dasselbe Problem meinen. Denn meist steht einer finalen Lösung des Problems eine Zielunklarheit im Wege – man meint, vom selben Ziel zu sprechen, tut es aber nicht.

••••••••

Auch ich selber bin einmal voll in so eine Lösung-für das-falsche-Problem hineingetappt. Ich weiß noch, dass ich in der Schule bei der Schülerzeitung mitmachte. Wie bei allen Schülerzeitungen lag das Problem darin, nicht genug Geld für den Druck zu haben. Wir hatten die Themen, wir waren engagiert, opferten unsere Freizeit – und jedes Mal war es eine elende Zitterpartie, bis die Finanzierung der nächsten Ausgabe stand. Davon hatte ich die Nase voll. Also machte ich mich zum Chef-Anzeigenverkäufer im Team. Ich war rhetorisch gut. Ich beschwatzte den örtlichen Apotheker, den Besitzer des Lebensmittelladens und den Sparkassen-Chef, in unserer Schülerzeitung zu inserieren und so die Druckkosten zu subventionieren. Es war fantastisch! In unserer Kasse war zum ersten Mal richtig Geld drin. Die Zeitung wurde dicker und dicker, Fitnesscenter, Sportgeschäft, Buchhandlung – ich hatte sie alle überzeugen können, bei uns zu inserieren. Ich fing sogar an darüber nachzudenken, die Überschüsse in eine neu zu gründende Stiftung einfließen zu lassen. Ich war 17. Ich war der Größte!

Ein paar Wochen danach war ich draußen aus dem Zeitungsteam. Warum? Es hatte Ärger gegeben, weil wir in unseren Artikeln einige der Inserenten angegriffen hatten. Ich sagte: „Hey, das könnt ihr doch nicht machen! Das sind Leute, die uns Geld geben!" Worauf mir meine Kumpels erst mal klarmachten, worum es wirklich in der Zeitung ging: nicht Anzeigen verkaufen und Geld anhäufen, sondern unabhängige Berichterstattung.

Alle vier Checkpoint-Kriterien sind Killerkriterien. Ein Lösungsvorschlag muss alle vier Bedingungen erfüllen: Eine Lösung muss einfach und darf nicht an Personen gebunden sein. Sie darf keinen neuen Ärger erzeugen und sie muss dem Ziel dienen. Alle vier Checkpoints unserer Rasterfahndung sind Killerkriterien. Auch wenn eine mögliche Lösung drei von vier Punkten bekommt, ist der Vorschlag durchgefallen. Jede Lösung aus Ihrem Bündel, die alle vier Checkpoints passiert, ist die richtige! Mit so einer Lösung machen Sie Ihre Probleme endgültig fertig.

Dass alle Lösungsmöglichkeiten durchfallen, ist unwahrscheinlich. Aber wenn wirklich kein Lösungsweg durch das Raster kommt, dann liegt das vielleicht daran, dass das Problem nicht genau genug definiert wurde. Eine Unschärfe in der Problembeschreibung überträgt sich zwangsläufig auf die Lösungsvorschläge. Wenn das so ist, dann zurück zum Dienstag.

So, nun haben Sie Ihren Lösungsansatz gefunden, der Ihren Zeitfresser endgültig vertreibt, Ihr Bürokram-Problem ein für allemal löst. Jetzt nutzen Sie bitte auch den gewonnenen Schwung: Fangen Sie heute noch mit der Umsetzung an. Am besten jetzt gleich. Erstellen Sie einen Schritt-für-Schritt-Plan, legen den Termin für jeden Schritt fest – und zum ersten schreiben Sie: sofort! Und dann tun Sie es. Ganz einfach, oder?

Das Problem mit den Mails war übrigens auch mein ganz persönliches Problem vor ein paar Jahren. Jeden Tag erhielt ich zwischen 150 und 250 E-Mails. Schnell war der Vormittag vorbei und ich hatte eigentlich noch nichts getan, außer Mails zu beantworten und am Telefon zu hängen. So sah jahrelang mein Arbeitstag aus. Bis es mir zu blöd wurde.

Heute lese ich meine Mails erst nach 18 Uhr. Ausschließlich! Alle wissen das und können sich danach richten. Diese Lösung versteht einfach jeder! Mit dieser Taktik werde ich nicht ständig von Mails unterbrochen.

Also doch nur ein Hin- und Herschieben von Arbeitszeit? Weil ich ja erst am frühen Abend mit dem Lesen anfange, hocke ich auch bis kurz vor Mitternacht vor dem Mail-Programm? Nein. Der geniale Effekt: Ich bekomme heute nur noch einen Bruchteil an Mails. Die meisten Menschen schreiben mir jetzt überlegter und genauer, da sie wissen, dass ich erst am Abend antworte. Oft schreiben sie mir auch gar nicht, weil sie wissen, dass sie morgens nicht auf sofortige Antwort hoffen können. Also denken sie selber nach. So erledigen sich die allermeisten Mails von selbst. Früher haben mir die Leute auch oft mehrere Mails zu einer Angelegenheit geschickt, weil ihnen nach dem Absenden der ersten Mail noch ein weiterer Aspekt einfiel. Und dann noch einer. So bekam ich manchmal fünf Mails zu ein und demselben Thema. Heute lese und antworte ich nur einmal und nicht fünfmal. Deshalb habe ich wieder einen Feierabend.

Dass mir jemand, der meine Regel nicht kennt, tatsächlich eine wichtige Mail schickt und bis zum Abend ohne Antwort bleibt, ist sehr selten. Und immer irgendwie verschmerzbar. Ich habe mein Mail-Problem ein für alle Mal erledigt.

Feierabend

Heute, am Mittwoch, haben Sie also die Lösung für Ihr Problem Nummer eins gefunden. Nach demselben Muster können Sie dann auch all die anderen Zeitfresser und Bürokram-Probleme loswerden. Zunächst einmal haben Sie eine Reihe Fehlannahmen und Irrwege in den Schredder gesteckt und zu Konfetti gehäckselt:

- Lösungen, die Problemen erlauben, als Zombies immer wieder aufzutauchen
- den Irrglauben, Best-Practice-Lösungen seien übertragbar
- die erstbesten Lösungen, die in Wirklichkeit die erstschlechtesten sind
- die intuitiven Lösungen, weil Intuition gerade mal zum Warnsignal taugt

Dann haben Sie sich systematisch auf die Suche nach jener Lösung gemacht, die Ihr Problem ein für alle Mal beseitigt. Dazu sind Sie in vier Schritten vorgegangen:

- Sie haben Ihren Ärger und Ihre Wut aufgeheizt, bis Sie daraus die Energie für die entscheidende Veränderung beziehen konnten.
- Sie haben einen Perspektivwechsel vom Problem zum Bedarf vollzogen.
- Sie haben mit einem großen Füllhorn Lösungsansätze generiert, indem Sie nacheinander an verschiedenen Faktoren wie Zeit, Geld, Personal etc. gedreht haben.
- Sie haben unter all Ihren Lösungsansätzen den mit voller Punktezahl ausgewählt. Mit der Umsetzung dieser Lösung fangen Sie heute, und zwar genau jetzt, an.

So, bevor sich Sie jetzt beruhigt zurücklehnen wollen – wir haben noch zwei Tage bis zum Wochenende …

Donnerstag: Nie mehr anders arbeiten

Mein treuer Zeitfresser, der mich über zehn Jahre meines Berufslebens begleitet hat, ist von mir gegangen. Ich weiß: Ich werde ihn nie wiedersehen. Er ist tot. Das arme Tierchen!

Wenn ich an die über 1000 Arbeitsstunden denke, die mich mein Zeitfresser in den letzten Jahren gekostet hat, an all den Ärger und die Konflikte mit Kollegen, die er verursacht hat, dann – ja, dann erfüllt mich sein Dahinscheiden mit tiefem, unstillbarem Jubel.

Möchten Sie nicht am liebsten eine derartige Anzeige ins Lokalblatt setzen? Gestern haben Sie die Lösung für Ihr Problem Nummer eins gefunden und sofort damit angefangen, sie umzusetzen. Jetzt können Sie nach und nach Ihre übrigen Probleme auf dieselbe Weise aufspießen und lösen. Stellen Sie sich nur mal vor, wie das sein wird, wenn Sie all diese elenden kleinen und großen Quälgeister endgültig losgeworden sind!

- Sie beschäftigen sich nur noch mit Dingen, die Sie besonders gut können und die Ihnen Freude machen.
- Ihr Feierabend und Ihre Wochenenden gehören Ihrem Privatleben.
- Sie schlafen nachts tief und ruhig, keinerlei Büroprobleme stören Sie beim Einschlafen.
- Morgens sind Sie ausgeruht, voller Tatendrang und kreativ. Sie können voller Elan Ihren Tag beginnen, weil Sie jetzt schon wissen: Es wird laufen.
- Der Blick auf Ihre To-do-Liste macht Ihnen Spaß, weil Sie wissen: Da stehen nur Dinge drauf, die wirklich etwas bringen.

- Sie kommen immer wieder in den Flow, weil Sie den Kopf freihaben. In dieser entspannten, konzentrierten Stimmung gelingen Ihnen selbst die schwierigsten Aufgaben.
- Mit den Ergebnissen Ihrer Arbeit überzeugen Sie den Chef, die Kunden und die Kollegen.
- Ihr Tag ist mit EETs gefüllt – den einkommenserhöhenden Tätigkeiten. Das sind die Dinge, die Ihrem Unternehmen viel einbringen, so Ihren Status stärken und so über kurz oder lang zu Boni, Gehaltserhöhungen und eine bessere Position führen werden.
- Ihre Arbeit ist endlich erfüllend und befriedigend.

Großartig, oder? So sollte Arbeit immer sein. Wie gut, dass Sie mit den Zeitfressern aufgeräumt haben! Jetzt kann das wahre Leben beginnen. Jetzt können Sie endlich mit der eigentlichen Arbeit loslegen, ohne noch einen Gedanken an Bürokram zu verschwenden. Oder etwa nicht?

Genießen Sie Ihr neues Arbeitsleben, klar. Aber Vorsicht! Bleiben Sie wachsam. Allzu leicht schleicht sich nämlich Bürokram auch am aufgeräumtesten Arbeitsplatz wieder ein. Moment mal! Erst sage ich, dass Sie mit meiner Methode Ihre Büroprobleme endgültig lösen können – und jetzt rede ich davon, dass sich wieder Zeitfresser einschleichen? Das passt doch nicht zusammen!

Doch. Es passt. Und ich habe Ihnen nicht zu viel versprochen: Ihre alten Bürokram-Probleme werden mit Sicherheit nie wieder auftauchen – vorausgesetzt, Sie haben sie wirklich mit der Wurzel ausgerissen. Es kann aber vorkommen, dass Sie eins der vielen BürokramProbleme, das Sie am Mittwoch ausgerupft zu haben glaubten, nicht ganz bei der Wurzel erwischt haben. Sie sind nicht weit genug zum Ursprung vorgedrungen und haben nur ein paar Blätter abgerissen. Und jetzt treibt das Unkraut von Neuem, grünt und blüht so stark wie zuvor. Dieser Fall ist aber zum Glück eher selten.

Die weitaus größere Gefahr besteht darin, dass ganz neuer Bürokram auftaucht. Ein Unternehmen wandelt sich. Dauernd. Neue Prozesse werden eingeführt, neue Kollegen oder ein neuer Chef treten auf den Plan mit eigenen Ideen und Arbeitsweisen. Manchmal kommt der Bürokram auch von außerhalb des Unternehmens. Ein Kunde will zum Beispiel, dass Sie in der Kommunikation mit ihm ein bestimmtes Medium oder Tool nutzen. Möglicherweise eins, das der Kunde selbst ganz toll findet – und Sie für reine Zeitvergeudung halten. Es ihm auszureden ist aber schwierig, weil er es nun mal selbst nutzt und nicht einsieht, warum er sich in der Kommunikation mit Ihnen umstellen soll. Diese Last schiebt er lieber Ihnen zu.

Auf diese Weise schleicht sich zuerst ein kleines, unauffälliges Zeitfresserchen ein, wahrscheinlich gut getarnt als sinnvolle Innovation in der Arbeitsweise. Wenn Sie nicht aufpassen, fängt es sofort an Kinder zu bekommen. Irgendwie gelingt es ihm, seinen Artgenossen zu signalisieren: Hier ist gutes Terrain! Bald kommen weitere Zeitfresser hinzu. Anfangs bemerken Sie es noch kaum. Aber eines Tages sitzen sie alle miteinander fett und groß auf Ihrem Schreibtisch – und zwar genau auf den Unterlagen, die Sie jetzt eigentlich gerne bearbeiten würden. Nur kommen Sie gerade nicht dran; zuerst müssen Sie sich um Ihre Zeitfresser kümmern … Lassen Sie es gar nicht erst so weit kommen!

Egal, ob es Ihre altvertrauten Büroprobleme sind, die mit Ihnen „Und täglich grüßt das Murmeltier" spielen möchten, oder ob neue Probleme Ihr sorgfältig von allen Schrottaufgaben gereinigtes Büro wieder zu verstopfen drohen: Beides lässt sich abwehren, wenn Sie sich konsequent verhalten. Was gar nicht so einfach ist. Das schreibe ich nicht etwa, weil ich Ihnen eine solche Konsequenz nicht zutrauen würde, sondern weil ich aus eigener Erfahrung weiß, wie schwierig es ist, alte Gewohnheiten endgültig abzulegen.

Bleiben Sie also wachsam! Folgende Warnsignale zeigen Ihnen, dass Sie gerade dabei sind, in alte Fehler zurückzufallen:

- Sie schaffen es heute doch nicht in den Sport, weil Sie noch eine Arbeit zu Ende bringen müssen.
- Sie ärgern sich über eine bestimmte Aufgabe: „Warum muss ich jetzt diesen Mist machen?"
- Sie ertappen sich beim Gedanken: „Das läuft hier nun mal so, das kann ich nicht ändern."
- Sie hören sich zu Ihrem Partner sagen: „Im Moment ist es gerade ein bisschen stressig, aber das liegt nur daran, dass das Projekt gerade in seiner heißen Phase ist. Das geht vorbei!"

→ Sie gehen Kompromisse ein: „Nur noch dieses eine Mal mache ich den Mist mit!"

Den neuen und alten Zeitfressern wird der Zugang erleichtert durch eine Reihe von Saboteuren, die sich möglicherweise in Ihr Denken einnisten. Denkweisen, die sich tarnen als Sinn für Pragmatik, als Genussbringer, Schmerzvermeider oder sogar als Verantwortungsbewusstsein. In Wirklichkeit sind es aber Spione, die nur dazu da sind, Ihren Erzfeinden, den Zeitfressern, klammheimlich die Türe aufzumachen. Falsche Freunde also!

FALSCHER FREUND NUMMER 1
Ich bin fertig, also muss ich nicht mehr aufpassen.

Diese Fehlannahme ist der Stammvater aller falschen Freunde. Von dem stammen alle anderen ab. Zum Glück hat er ein Familienporträt mitgebracht. Da können Sie sich die ganzen fiesen Visagen und scheinheiligen Grinser anschauen. Und wenn dann einer dieser Gedanken vor Ihnen steht, erkennen Sie ihn wieder und können ihn hochkant rausschmeißen. Noch bevor er irgendeinem Zeitfresserchen die Türe aufgemacht hat.

Aber der Reihe nach.

Abkürzungen

Auch wenn der Weg zur endgültigen, umfassenden Lösung bekannt und erprobt ist, ist die Versuchung groß, doch wieder eine Abkürzung zu wählen. Einen effizienteren Weg. Dass der auf Kosten der Effektivität geht, ist Ihnen in dem Moment vielleicht nicht so bewusst. Das ist mir neulich passiert.

„Also dann, bis nächsten Mittwoch!" Ich lege auf und freue mir ein Loch in den Bauch. Mit dieser Firma wollte ich schon lange ins Geschäft kommen. Jetzt hat es geklappt. Gerade habe ich mit dem Geschäftsleiter den Termin ausgemacht, bei dem wir unsere Zusammenarbeit planen wollen. Nächsten Mittwoch geht es also nach Hannover.

Normalerweise würde ich jetzt meiner Sekretärin Bescheid sagen, damit sie mir Hotel und Zugticket bucht. Aber die hat sich heute Nachmittag frei genommen. Und morgen ist Rechnungstag, da wird sie wohl kaum dazu kommen. Hm, dumm das, bis übermorgen gibt es vielleicht schon keine Frühbucherrabatte mehr.

Was soll's, dann mache ich es halt schnell selber. Nur dieses eine Mal. Das Hotelportal habe ich ja noch in meinen Bookmarks drin. Und die Bahnseite auch.

Eine Dreiviertelstunde später gleitet die Buchungsbestätigung aus meinem Drucker. Mit Frühbucherrabatt. Ich halte den Wisch in den Händen – und der Gedanke trifft mich wie ein Schwall eiskaltes Wasser: „Hat sich das jetzt gelohnt? War das wirklich der beste und wertvollste Beitrag, den ich in dieser Dreiviertelstunde leisten konnte?"

Ich hatte doch fest vor, alle Reisebuchungen meinen Leuten zu überlassen! Jetzt bin ich doch wieder meinem alten Zeitfresser aufgesessen. Aber das passiert mir nie wieder! Jetzt sofort sperre ich meine Zugänge zum Hotelportal und der Bahn-Website. Dann kann ich meine Reisen gar nicht mehr selbst buchen. Falle entschärft. Wie ein Spielsüchtiger, der bei der Casinoverwaltung erwirkt, dass er Zutrittsverbot erhält, habe ich mir selbst den Zugang zu meiner Sucht abgeschnitten.

FALSCHER FREUND NUMMER 2

Einmal ist keinmal.

Stimmt nicht. Einmal ist der erste Schritt auf dem Weg zur Gewohnheit. Hunderttausende, die schon mal eine Diät gemacht haben, kennen das. Dieses kleine Teufelchen auf der linken Schulter, das flüstert: „Nur dieses eine Stückchen Schokolade! Jetzt habe ich doch so tapfer abgenommen, das darf ich mir jetzt erlauben. Davon springen mir die Kilos nicht gleich wieder auf die Hüften!" Das Gemeine ist, dass das Teufelchen ja die Wahrheit sagt. Eigentlich. Ein Stückchen Schokolade, einmal das Schreibtisch-Aufräumen am Freitag ausfallen lassen, einmal den neuen Projektstand nicht gleich in die Datenbank eingetragen, einmal die guten Vorsätze durchbrechen, einmal in alte Arbeitsweisen zurückfallen ist noch keine Katastrophe. Nur verschweigt das Teufelchen dabei das Wichtigste, nämlich dass dem einen Stückchen Schokolade ganz leicht das nächste folgt, diesem wieder das nächste und wieder – und auf einmal ist die ganze Tafel weg. Auf einmal sind Sie wieder im alten Trott. Denn die alten Gewohnheiten sind noch stark, und jedes Mal, wenn Sie ihnen wieder nachgeben, werden sie stärker und mächtiger und lassen der neuen Arbeitsweise keine Chance, ihrerseits zur Gewohnheit zu werden.

Also herrscht die Devise: Keine einzige Ausnahme! Bleiben Sie konsequent! Vor allem in Situationen wie dieser:

••••••••

Einen Puls von 180 würden Sie Ihrem Kollegen attestieren, auch ohne ihn gemessen zu haben. Die roten Hektik-Flecken auf den Wangen und der Stirn, der getriebene Blick, die hochgezogenen Schultern, die fahrigen Bewegungen sprechen eine eindeutige Sprache: Stress.

Jetzt kommt er auf Sie zugesteuert.

„Du, sag mal, bei Dir ist es doch gerade eher ruhig, oder? Könntest Du mir vielleicht einen Gefallen tun? Ich sollte schon vor einer Woche die Umsatzzahlen für September zusammenstellen und an die Kollegen schicken. Aber ich komme einfach nicht dazu. Könntest Du das für mich machen?“

••••••••

Dem Kollegen aushelfen, der gerade in seiner Arbeit zu ertrinken droht: ein Gebot der Menschlichkeit, oder? Okay, ich gebe zu, so etwas kommt eher selten vor. Dass ein Kollege Sie direkt bittet, eine Aufgabe zu übernehmen, die in seinen und nicht in Ihren Bereich fällt, passiert nur, wenn bei ihm wirklich gerade Land unter ist. Oder kurz vor seinem Urlaub. Weitaus häufiger kommt es vor, dass Aufgaben, die im Grenzbereich zwischen seiner und Ihrer Zuständigkeit liegen, unauffällig auf Ihre Seite rübergeschoben werden. Oder dass scheinbare Synergieeffekte vorgeschoben werden:

- „Du schreibst doch eh gerade den Bericht für die Aktionärsversammlung, da könntest Du doch gleich die Umsatzvorschau fürs nächste Jahr mit aufnehmen, oder? Die brauchen doch nicht zwei verschiedene Papiere zu bekommen."
- „Du hast doch morgen den Termin mit Herrn Weißhaupt – kannst Du da auch gleich die Vertriebskooperation mit ansprechen?"
- „Du bist doch der Experte für Digital Rights Management. Den Vertrag hier habe ich von einem Partnerunternehmen bekommen. Könntest Du den mal durchlesen und mir sagen, ob die Bestimmungen standardmäßig sind?"

Aufgaben von Kollegen „mal schnell eben mit erledigen", weil die Kombination weniger Zeitaufwand benötigt, als wenn jeder seinen Einzelteil erledigen würde. Oder Aufgaben übernehmen, die Sie besser, leichter und schneller erledigen können als der Kollege. Jedenfalls wenn Sie den Schmeicheleien Ihres Kollegen glauben, die er natürlich ganz ohne Hintergedanken vorbringt. Das klingt nach sinnvoller Arbeitsorganisation. Ihr Kollege gewinnt dadurch mehr, als Sie verlieren. Die Gesamtsumme ist also positiv. Oder?

FALSCHER FREUND NUMMER 3

Den Kollegen nicht auszuhelfen, wäre doch egoistisch!

Natürlich ist es grundsätzlich sinnvoll und menschlich, Kollegen zu unterstützen, wo sie Unterstützung nötig haben. Jedenfalls, solange darunter Ihre eigene Arbeit nicht leidet.

Aber diese Grenze ist schneller erreicht als gedacht. Auch wenn die Hilfe für den Kollegen nur zehn Minuten in Anspruch nimmt, werden Sie dadurch aus Ihren Gedanken gerissen und müssen wieder von vorne anfangen. Wenn das öfter passiert, kommen Sie nie zu etwas. Trotzdem fällt es schwer, den Kollegen, der „kurz mal schnell" etwas von Ihnen braucht, abzuweisen. Die Unterstützung für ihn tarnt sich als erwünschtes Sozialverhalten.

Merkwürdig: Wenn der Chef andauernd ankommt und Ihnen neue Aufträge auf den Tisch knallt – die Sie natürlich gefälligst zusätzlich zu allem Übrigen zu erledigen haben –, sind Sie zu Recht sauer. Sie fühlen sich überfahren und ausgebeutet. Es gibt tausend Ratgeber, die Ihnen sagen, wie Sie in so einer Situation dem Chef die Stirn bieten können. Wie Sie selbstbewusst und stark bleiben. Wie Sie darauf verweisen, dass unter diesem Auftrag Ihre anderen, wichtigeren Aufgaben leiden würden. Und so deutlich machen, dass es im Eigeninteresse des Chefs ist, Sie mit Schnell-mal-eben-Arbeiten in Frieden zu lassen. Aber wenn ein Kollege kommt und Ihnen etwas aufs Auge drücken will, fühlen Sie sich verpflichtet, das anzunehmen. Und haben ein schlechtes Gewissen, wenn Sie es nicht tun. Vielleicht gerade weil Ihnen der Kollege nichts vorzuschreiben hat, gewinnt seine Bitte an moralischem Gewicht. Sie denken: Wenn er meine Hilfe so dringend braucht …

Und genau da liegt der Knackpunkt. Braucht der Kollege Ihre Hilfe wirklich unbedingt, oder handelt er vielleicht einfach nur gedankenlos? Oder gar gewissenlos? Schiebt er vielleicht einfach nur seinen eigenen Kram zu Ihnen rüber, weil es für ihn gerade das Bequemste ist?

Verlieren Sie Ihr kritisches Auge für Bürokram nicht, nur weil es um die Arbeit Ihres Kollegen statt um Ihre eigene geht! Selbst wenn Sie es sich von der Zeit her erlauben könnten, Ihren Kollegen zu unterstützen, überprüfen Sie bei jedem seiner Delegationsversuche: Würden Sie ihm damit bei seinen wichtigen Aufgaben helfen – oder doch nur bei seinem Bürokram? Das macht einen gewaltigen Unterschied! Wenn Ihr Kollege von Bürokram erstickt wird und Sie nehmen ihm einen Teil davon ab, machen Sie die Sache damit nicht besser. Sondern schlimmer. Sie unterstützen das falsche System. Es geht doch nicht darum, den Bürokram auf möglichst viele Schultern zu verteilen, sondern ihn ganz loszuwerden! Wenn Sie „ausnahmsweise" mal eine Zeitfresser-Aufgabe für Ihren Kollegen übernehmen, fördern Sie damit nur, dass er sich immer mehr und mehr auf diesen Mist einlässt. Und immer mehr davon aufgefressen wird. Im Endeffekt schaden Sie ihm also mit Ihrer gutgemeinten Geste.

Und noch eines: Wenn Sie für andere den Bürokram erledigen, leidet auch die zwischenmenschliche Beziehung darunter. Wie das? Bekommen Sie für Ihre Mühe unsterbliche Dankbarkeit? Entsteht dadurch eine wunderbare Buddy-Beziehung unter Kollegen? Nein. Und zwar aus zwei Gründen.

Erstens: Sie ächzen unter Bürokram, den Sie für jemand anderen erledigen – und auf einmal ist Ihr Kollege nicht mehr der nette Typ, mit dem sich prima zusammenarbeiten lässt. Sondern die Nervensäge, die Sie von Ihrer eigentlichen Arbeit abhält.

Zweitens: Statt Dankbarkeit ernten Sie Ungeduld. Tatsächlich läuft es doch so:

1. Mal dem Kollegen aushelfen – seine Reaktion: „Du bist der/die Beste!"
2. Mal: „Danke, dass du das machst."
3. Mal: „Aber bitte schnell, ich brauche es bis 15 Uhr!"
4. Mal: „Wo bleibt denn das Ergebnis? Du weißt doch, dass ich es dringend brauche!"
5. Mal: „Wie, du willst das nicht machen? Was ist denn los mit dir?"

Perverserweise verschlechtert also die Hilfe für den Kollegen die Stimmung im Büro, statt sie zu verbessern. Lassen Sie daher Ihren Bürokram-Radar immer und überall eingeschaltet! Und bleiben Sie bei seiner Auswertung konsequent: Sie machen keinen Bürokram. Weder für sich selbst noch für andere. Basta!

Sagt sich so einfach. Je nachdem, wie offen Ihr Verhältnis zu Ihren Kollegen ist, können Sie jemandem, der Sie gerade um Hilfe bittet, nicht unbedingt ins Gesicht sagen: „Nein, mache ich nicht. Ich glaube, das ist nur Zeitverschwendung."

Aber wie gehen Sie dann mit Kollegenanfragen um?

Returnschlag

Sie brauchen es ja nicht gleich so zu machen wie Timothy Ferris. Der schildert in seinem Buch „Die 4-Stunden-Woche", wie er unliebsame Arbeitsdelegationen und Kollegen mit Kommunikationsbedürfnis elegant abwimmelt: Er trägt den ganzen Tag ein Headset. Wenn jemand in sein Büro kommt und was von ihm will, tut er so, als wäre er gerade in ein wichtiges Telefonat vertieft. Zum Besucher gewandt klopft er auf die Hörer und winkt mit bedauernder Geste ab. So vermeidet er jede Diskussion darüber, ob er nicht vielleicht doch „nur ganz kurz" Zeit hat.

Ich muss zugeben: Irgendwie hat das was. Zeitfresser, die auf der Schulter eines Kollegen oder Mitarbeiters in Ihr Büro reiten, blocken Sie auf diese Weise radikal ab. Andererseits: So ganz ehrlich ist das ja nicht. Und irgendwann wird das Theater unglaubwürdig, kein Mensch ist jeden Tag pausenlos in Telefonaten. Meiner Ansicht nach ist das keine Dauerlösung.

Klarer und direkter ist es, wenn Sie Ihrem Kollegen antworten: „Jetzt passt es gerade nicht, ich will mich gerade auf etwas Wichtiges konzentrieren, meine Arbeit will ich nicht unterbrechen. Heute Nachmittag ab drei Uhr habe ich wieder Zeit, dann können wir darüber reden." Das Beste an dieser Taktik: Bis nachmittags haben sich zwei Drittel der Anfragen von selbst erledigt. Der Kollege hat entweder selbst eine Lösung gefunden oder mit jemand anderem darüber geredet. Oder es hat sich herausgestellt, dass die Sache nicht gar so wichtig war.

Aber Vorsicht! Tappen Sie nicht in die Falle, dem Kollegen rasch Unterstützung in ein paar Stunden zuzusagen, nur damit er schnell wieder verschwindet und Sie in Ruhe weiterarbeiten lässt. Ich muss gestehen, ich selbst bin da ein bisschen anfällig und habe mir voreilige Zusagen mühsam abtrainieren müssen. Kein „Ja, ja, bis heute Nachmittag, dann kümmere ich mich bestimmt darum", wenn Sie eigentlich gar keine Zeit haben! So ein Versprechen wieder zurückzuziehen ist peinlich und schwierig. Aber es einzulösen, wenn Sie genau wissen, dass Sie sich mit Murks abgeben müssen, ist wie sich selbst ins Bein zu schießen. Beides keine arg tollen Optionen. Also bringen Sie sich am besten gar nicht erst in diese Situation, zwischen ihnen wählen zu müssen!

Wenn ein Kollege um Ihre Unterstützung bittet und Sie haben gerade nicht den Kopf frei, um sich direkt zwischen Zu- oder Absage zu entscheiden, können Sie durchaus die Entscheidung vertagen: „Schreib mir doch eine kurze Mail, in der Du zusammenfasst, worum es geht. Dann schaue ich, ob ich Dir helfen kann." Mit diesem Statement verpflichten Sie sich zu nichts, außer sich die Sache zu überlegen.

Oder Sie machen es so wie ein mittlerer Manager eines großen amerikanischen Konzerns, der andauernd aus der Führungsetage Mails bekam mit „großartigen", aus dem Moment heraus entstandenen Ideen für Verbesserungsinitiativen und neue Geschäftstaktiken. Natürlich wurde von ihm erwartet, dass er all diese Ideen sofort aufgriff, prüfte und sich dann – weil sie ja so genial waren – sofort an ihre Umsetzung machte. Ein „dafür habe ich jetzt keine Zeit" wäre nicht gut angekommen. Deswegen entwickelte er eine andere Taktik. Er speicherte in seinem Mailprogramm eine Standard-Antwort, in die er nur noch den Namen des Ideengebers eintragen und sie absenden musste:

> *Lieber XY,*
> *das ist ein spannender Gedanke. Tolle Sache! Lassen Sie uns bei nächster Gelegenheit einmal persönlich darüber reden.*
> *Bis bald,*
> *XXX*

In 90 Prozent der Fälle hörte er nie wieder etwas von den großartigen Einfällen seiner CEOs. So blockte er auf elegante Weise viele Zeitfresser ab.

Ich persönlich habe eine feste Regel für den Umgang mit spontanen Anfragen etabliert. Ich habe mir verschiedene Zeitfenster eingerichtet, in denen ich ansprechbar bin oder nicht. Diese Zeitfenster habe ich klar an meine Mitarbeiter und Geschäftspartner kommuniziert: Morgens will ich erst mal vier Stunden konzentriert arbeiten können und dabei nicht gestört werden. Ich kann mich am Tag nur eine bestimmte Zeit lang konzentrieren. Und die ist schneller rum, als ich gucken kann. Deswegen sehe ich zu, dass ich diesen Zeitraum voll für die wirklich wichtigen Aufgaben ausnutze. Wenn ich merke, dass meine Konzentration nachlässt, kann ich mich immer noch um Routineaufgaben und Beziehungspflege kümmern. Auf diese Weise bekomme ich meine Aufgaben gebacken. Gegen 14.00 bin ich damit durch, dann habe ich genug Zeit für die Anliegen meiner Kollegen oder auch einfach nur ein kleines Schwätzchen. Vorher nicht.

Natürlich ist das auch eine Frage der Unternehmenskultur. Da brauchen wir uns nichts vorzumachen.

Die Linde im Fichtenwald

Stellen Sie sich vor, Sie kommen morgens zeitig ins Büro, arbeiten konzentriert an den wichtigen Aufgaben, finden gute Lösungen, meiden Zeitfresser und sind deswegen um 15 Uhr mit Ihrer Arbeit fertig. Preisfrage: Wenn Sie jetzt Ihre Sachen zusammenpacken, wie reagieren Ihre Kollegen?

a) „Schönen Feierabend!"

b) „Wie, du gehst schon?"

Das Fiese bei der zweiten Frage ist nicht die Frage selbst. Sondern der Tonfall. Die Frage könnte, so rein von der Formulierung her, ja auch bewundernd gemeint sein, nämlich voller Anerkennung für die rasche Erledigung der Aufgaben. Ist sie aber in der Regel nicht. Sondern vorwurfsvoll. Darin schwingt mit: „Drückeberger! Dienst-nach-Vorschrift-Leister! Wir schuften uns hier ab, und du lässt einfach alles stehen und liegen und machst dir einen schönen Nachmittag." Vielleicht würden Ihre Kollegen es nicht so krass ausdrücken, aber ein bisschen von diesem Neid und diesem Vorwurf ist da.

Welche der beiden Reaktionen Sie bekommen, hängt nicht in erster Linie von der Mentalität Ihrer Kollegen ab. Das ist im Wesentlichen eine Frage der Unternehmenskultur. Und diese Unternehmenskultur ist es, die dann auf die Mitarbeiter ausstrahlt.

Für mich teilen sich die Unternehmenskulturen im Wesentlichen in zwei Gruppen: Bemühenskulturen und Ergebniskulturen. In einer Ergebniskultur werden Sie mit hoher Sicherheit Reaktion a) bekommen. Denn hier geht es darum, was Sie erreichen – egal, wann, wo und wie. Wenn Sie Ihr Arbeitspensum in 20 Wochenstunden schaffen – wunderbar. Wenn Sie 60 Stunden für dieselben Aufgaben brauchen – nicht so gut, aber Ihr persönliches Problem. Bezahlt werden Sie für das Ergebnis und nicht für Ihren Zeitaufwand.

Wenn Sie dagegen Reaktion b) bekommen, ist das ein deutlicher Hinweis darauf, dass in Ihrem Unternehmen eine Bemühenskultur herrscht. Die Anstrengung zählt. Das Abarbeiten, das hektische Herumwuseln, die permanente Einsatzbereitschaft. Das sind diejenigen Unternehmen, bei denen Überstunden ab der 100er-Schwelle als Orden betrachtet werden. Es herrscht ein stillschweigender Wettbewerb, wer als Letzter geht. Bei wem abends um elf das Bürolicht noch brennt, der hat gewonnen. Besonders, wenn es dann morgens um sieben schon wieder angeht. Clevere bauen sich eine Zeitschaltuhr an den Lichtschalter. Außerdem füllen sie Aktenmappen mit Schmierpapier und schichten sie auf ihrem Schreibtisch von links nach rechts und von rechts nach links. Wenn sie an den Chef schreiben, stellen sie eine Sendeverzögerung ein, so dass die Mail mit Absende-Uhrzeit 21.30 rausgeht.

Es gibt ein paar Branchen, die besonders anfällig sind für Bemühenskultur. Nach dem, was ich so mitkriege, wird insbesondere in Werbeagenturen, Architektenbüros, bei IT-Dienstleistern, Rechtsanwälten und Unternehmensberatern oft ein 24/7-Einsatz erwartet. Freizeit ist was für Weicheier. Feldbetten für die drei oder vier Stunden Nachtschlaf, auf die die Angestellten dann doch nicht verzichten können, stehen im Schrank …

Dagegen gibt es andere Berufe, die ganz automatisch eine Ergebniskultur mit sich bringen. Einen Außendienstverkäufer nach Stunden zu entlohnen wäre Quatsch. Er bekommt eine Provision für jeden abgeschlossenen Vertrag. Viele Kunden besucht und beinahe überzeugt? Pech gehabt, uninteressant … In Ergebniskulturen zu arbeiten kann manchmal ganz schön hart sein, schon weil das Ergebnis nicht immer nur von Ihnen selbst abhängt. Aber immerhin sind Sie Ihr eigener Herr.

Eins ist sicher: Jedes Unternehmen hat eine Ergebniskultur – wenn Sie den Chef fragen. Auch dort, wo Bemühenskultur in Reinform herrscht, wird das kaum jemand zugeben. „Uns sind Ergebnisse nicht so wichtig, wir haben Sie eh nur engagiert, um gegenüber den Aktionären den Eindruck zu erwecken, hier würde was passieren“ – unwahrscheinlich, dass Sie einen solchen Satz je hören werden.

Woran Sie wirklich erkennen, welche Kultur in Ihrem Unternehmen herrscht:

Ergebniskultur

- Boni für erreichte Ziele
- Im Arbeitsvertrag stehen zuerst die Aufgaben, dann – wenn überhaupt – die Wochenarbeitszeit.
- Es ist egal, ob Sie im Büro, im Homeoffice oder auf den Malediven arbeiten.

Bemühenskultur

- Ihre Stempelzeiten liegen an jedem Monatsersten ausgedruckt auf Ihrem Schreibtisch – jeder Arbeitstag, an dem Sie auch nur eine Minute weniger als acht Stunden da waren, ist rot markiert.
- Der Chef schaut abends um neun in Ihr Büro und sagt: „Jetzt sollten Sie aber wirklich heimgehen."
- Alle jammern über Überstunden – und überbieten einander, wer am meisten hat.
- Der Mitarbeiter, der die Präsentation noch bis nachts um elf fertig gemacht hat, wird gelobt – derjenige, der sich gut organisiert hat und schon mittags damit fertig war, wird nicht erwähnt.

Wenn Ihr Unternehmen tatsächlich eine Ergebniskultur hat, haben Sie kein Problem. Sie können Ihre Zeitfresser eliminieren und Ihre Arbeit in 30 statt wie bisher 50 Wochenstunden schaffen – alle werden sich mit Ihnen freuen. In einer Bemühenskultur dagegen werden Sie schief angesehen, wenn Sie früher heimgehen, weil schon alles erledigt ist. Zwei- oder dreimal können Sie das schon machen. Aber nicht ständig. Sonst bringen Sie Ihre Kollegen gegen sich auf. Und Ihren Chef auch.

Wenn Sie mitten in einer Bemühenskultur feststecken, ist es schwierig, selbst Ergebniskultur zu leben. Das ist, wie wenn Sie mitten im Fichtenwald eine Linde pflanzen wollen. Der Boden bietet nicht die richtigen Nährstoffe für die Linde. Falls es ihr trotzdem gelingt zu wachsen, werden ihre Blätter ständig von Wildtieren abgeknabbert, weil sie der einzige Baum weit und breit ist, der nicht sticht.

Gegen eine übermächtige Bemühenskultur ist es genauso schwer anzukommen wie gegen nadelige Nachbarn. Aber das brauchen Sie auch gar nicht! Sie können sich Ihre eigenen kleinen Nischen von Ergebniskultur schaffen. Am besten geht das im Homeoffice. Dort schreibt niemand Ihre Arbeitszeiten auf, wenn Sie es nicht selbst tun. Hauptsache, Sie haben bis zum nächsten Tag die Aufgabe erledigt, die Sie mit heimgenommen haben. Homeoffice-Regelungen auszuhandeln wird Ihnen dadurch erleichtert, dass Ihr Unternehmen offiziell eine Ergebniskultur anstrebt. Mit nichts lässt sich ein Apparatschik so gut ausmanövrieren wie indem man seine Propaganda beim Wort nimmt!

Sie: „Herr Schaeff, Sie sagen doch immer, dass es bei uns auf die Ergebnisse ankommt, nicht auf den Weg dorthin, oder?"

Chef: „Ja, sicher. Jedenfalls solange Sie sich an die Richtlinien halten."

Sie: „Natürlich tue ich das. Und mir ist eine Idee gekommen, wie ich noch bessere Ergebnisse erzielen kann."

Chef: „Ach ja?"

Sie: „Ja, wenn ich an drei Tagen in der Woche von zu Hause aus arbeiten könnte, wäre ich viel konzentrierter und würde besser vorankommen."

Chef: „Aber Sie müssen sich doch mit den Kollegen abstimmen! Und für die Kunden erreichbar sein! Und was ist mit den Meetings am Dienstag und Donnerstag? Nein, das geht nicht."

Sie: „Am Dienstag und Donnerstag komme ich ja ins Büro, Herr Schaeff. Den Kunden sage ich, dass ich dienstags und donnerstags am besten zu erreichen bin; wenn ein Projekt ganz dringend ist, gebe ich dem Kunden eh meine Handynummer. Und mit den Kollegen kann ich mich auch telefonisch abstimmen."

Chef: „Trotzdem. Drei ganze Tage weg? Ich weiß nicht. Da kriegt ja niemand mit, was Sie die ganze Zeit machen."

Sie: „Wir können ja gleich vereinbaren, was ich mache. Den Bericht über das Scheuermann-Projekt zum Beispiel, den kann ich zu Hause in dieser Woche gut fertig bekommen, Sie werden sehen!"

Chef: „Hm. Da bin ich gespannt. Aber drei Tage pro Woche sind zu viel. Ich sehe nicht, wie da die ganze Koordination klappen soll."

Sie: „Zwei Tage? Mittwoch und Freitag?"

Chef: „Hm, ja. Wir könnten es ja mal ausprobieren, so für einen Monat."

Psychologisch geschickt ist es, wenn Sie erstmal einen oder zwei Tage mehr Homeoffice-Zeit verlangen, als Ihnen eigentlich vorschwebt. So können Sie sich herunterhandeln lassen, ohne etwas zu verlieren. An den restlichen Tagen müssen Sie dann halt zum Meeting und zu Absprachen ins Büro kommen und dort Ihre Stunden absitzen. Aber das lässt sich aushalten, wenn Sie wissen: Übermorgen kann ich wieder zu Hause in meinem eigenen Rhythmus arbeiten.

Vielleicht rennen Sie aber auch gegen eine Mauer. Homeoffice? Unmöglich! Und auch sonst ist in einer Bemühenskultur das Arbeitsleben gespickt mit Bürokram, der Ihnen sinnlos vorkommt – und den Sie trotzdem nicht so einfach abschaffen können. Denn er wird Ihnen von den Strukturen des Unternehmens vorgegeben. Wenn Sie die zu ändern versuchen, stoßen Sie auf taube Ohren. „Haben wir schon immer so gemacht“, ist das Totschlagargument. Oder auch:

- „Du willst nicht mehr den wöchentlichen Statusbericht ausfüllen? Aber das geht doch nicht! Wir haben doch noch den Schrank voll mit den Vordrucken!“
- „Wir haben niemanden, der Ihre Büropflanze gießt, wenn Sie nur noch zwei Tage die Woche da sind.“
- Wenn Sie schon um 15 Uhr fertig sind – wer nimmt dann den Azubi mit zum Bahnhof?“

Manchmal ist der Widerstand, auf den Sie stoßen, unüberwindbar. Egal, wie dumm er ist. Es ist nervtötend, wenn Ihr Umfeld einfach nicht bereit ist, sich auf Ihre neue Arbeitsweise einzulassen. Besonders jetzt, wo Sie herausgefunden haben, wie Sie Ihren Schreibtisch freikriegen. Sich von Betonköpfen aufhalten zu lassen tut weh. Aber auch hier lohnt sich mal wieder ein differenzierter Blick.

FALSCHER FREUND NUMMER 4

Ich bin für alles verantwortlich.

Stimmt nicht! Verantwortlich sind Sie nur für das, was Sie selbst tun. Und für das, was Sie verändern können. Und ja: Ob Sie etwas verändern können oder nicht, wissen Sie erst, wenn Sie es versucht haben. Manches ist vielleicht gar nicht so starr, wie es zunächst den Anschein hat. Aber wenn Sie nach mehreren Anläufen immer noch auf taube Ohren stoßen: Entspannen Sie sich!

Dabei helfen Ihnen zwei Überlegungen:

1. Ist es wirklich ein Zeitfresser?
Auch wenn diese Tätigkeit für mich persönlich kein sichtbares Ergebnis bringt – vielleicht nützt sie auf einer anderen Ebene?

- ➜ Der Bericht, den ich wöchentlich ausfülle, wird an den Controller weitergereicht, von diesem zusammen mit anderen Berichten ausgewertet und dem CEO weitergegeben. Vielleicht liefert er diesem ja tatsächlich wertvolle Informationen, die er braucht, um das Unternehmen zu leiten?
- ➜ Die langweilige Sicherheitsschulung, die jedes Jahr mit exakt demselben Inhalt wiederkommt, ist vielleicht nötig, damit das Unternehmen ein bestimmtes Zertifikat bekommt. Und ohne das Zertifikat würde es bestimmte Aufträge nicht erhalten.
- ➜ Die Kundenzufriedenheitsumfrage produziert zwar in neun von zehn Fällen nur diejenigen Antworten, von der der Kunde annimmt, dass ich sie hören will. Aber der zehnte Kunde, der ehrlich antwortet, liefert den Kollegen aus der Qualitätssicherungsabteilung die Informationen, die sie brauchen, um Angebot und Service entscheidend zu verbessern.

Mit anderen Worten: Was für Sie persönlich ein Zeitfresser ist, kann für das Unternehmen insgesamt eine sinnvolle, also nicht zeitfressende Arbeit sein. Sie blicken bestimmt weit genug über den Tellerrand, um den Gesamtnutzen Ihrer Tätigkeit zu erkennen, auch wenn er sich in Ihrem Alltag kaum zeigt. Dieses Bewusstsein hilft Ihnen, wenn Sie mal wieder Formulare ausfüllen müssen.

In den meisten Fällen ist allerdings das, was Sie als Bürokram identifiziert haben, auch tatsächlich Bürokram. Die Tätigkeit ist sowohl für Sie selbst als auch für den Rest des Unternehmens ein reiner Zeitfresser, weil überhaupt niemand etwas Sinnvolles mit dem Ergebnis Ihrer Arbeit anfängt:

- ➜ Der CEO legt Ihren Bericht nur auf den Stapel anderer Berichte und nimmt sich vor, ihn irgendwann mal zu lesen, wenn er die Zeit dazu hat. Also so etwa fünf bis sechs Jahre nach seiner Pensionierung.
- ➜ Weil die Sicherheitsschulungen nicht auf dem neuesten Stand sind, wird das angestrebte Zertifikat Ihrem Unternehmen sowieso bald entzogen.
- ➜ Bei der Auswertung der Kundenbefragungen betonen die Kollegen aus der Qualitätsabteilung lieber die neun positiven Bewertungen, um zu bewei-

sen, dass sie einen guten Job machen, und lassen die zehnte kritische – und einzig wertvolle – unter den Tisch fallen.

Kurz: Es kann sein, dass das, was für Sie nach überflüssigem Bürokram aussieht, tatsächlich welcher ist und keinerlei Nutzen bringt. Das wird aber niemand zugeben.

Selbst wenn es tatsächlich ein Zeitfresser ist, der Ihnen da aufgedrückt wird:

2. Was kostet Sie mehr – der Zeitfresser oder der Kampf gegen ihn?

Auch wenn Sie diesen elenden Bürokram am liebsten sofort abschaffen würden – wenn Sie darüber immer wieder stundenlang ohne Ergebnis mit Ihrem Chef oder mit Kollegen diskutieren, sollten Sie fragen, ob sich dieser Aufwand noch lohnt. Oder noch besser: Fragen Sie einen Helden aus der Weltliteratur, der viel Erfahrung darin hat, im Kampf für das Gute niemals aufzugeben.

•••••••••

„Ha! Attacke!"

Auf seinem edlen Streitross galoppiert der Ritter auf den Riesen zu, die Lanze eingelegt.

„Du hast schon zu lange die Gegend hier tyrannisiert! Flieh oder stirb!"

Unbeeindruckt steht der Riese da, vier Mann hoch, mit einem Rumpf wie eine Säule. Sein Gesichtsausdruck verändert sich nicht, als ihm der Ritter seinen Kampfschrei entgegenschleudert. Nur seine vier Arme wirbeln herum, als wollte er Mücken verscheuchen.

Der Ritter feuert sein Ross an, und tatsächlich galoppiert es noch etwas schneller. Mit voller Kraft rammt der Ritter dem Riesen seinen Speer in den Leib. Da fegt ihn dessen Arm vom Pferd. Einige Meter weit fliegt der Ritter durch die Luft und prallt hart auf dem Boden auf. Benommen bleibt er ein paar Augenblicke liegen. Aber die Sorge, dass der Riese ihn in dieser hilflosen Lage ganz einfach zertreten könnte, scheucht ihn auf. Mühsam kommt der Ritter wieder auf die Beine und blickt sich um. Der Riese steht weiter an seinem alten Platz und wirbelt drohend mit den Armen. Die Lanze liegt dort drüben; die Spitze ist abgebrochen, aber der Schaft taugt noch. Das treue

Streitross des Ritters ist ein paar Schritte zurückgewichen und stehengeblieben.

„Brav, Rosinante!" Don Quixote zieht sich am Zaumzeug hoch. Obwohl seine blauen Flecken schmerzen und sein ganzer Körper steif ist, schafft er es mit Müh und Not, sein Bein über den Rücken des Pferdes zu schieben. Endlich sitzt er wieder im Sattel. Er legt den Lanzenschaft an und drängt seinen Gaul, die alte klapprige Rosinante, wieder auf die Windmühle zu.

„Attacke!"

••••••••

Ihr Sinn für die Realität ist sicher besser als die des armen Don Quixote, den sich Miguel de Cervantes vor 400 Jahren als Karikatur auf die strahlenden Helden der damals beliebten Ritterromane ausdachte. Sie attackieren nicht irgendwelche Windmühlen, die Sie für gefährliche Riesen halten, sondern echte Probleme. Trotzdem: Ab einem gewissen Punkt lohnt sich der Kampf nicht mehr. Und zwar dann, wenn Sie nichts weiter erreichen als sich selbst aufzureiben. Ja, es kann sogar sein, dass der Kampf gegen die Zeitfresser selbst zum Zeitfresser wird. In solchen Fällen ist es sinnvoller, zurückzustecken. Es muss ja nicht für immer sein. Bestimmt kommt noch einmal eine bessere Gelegenheit, eine Umstrukturierung im Betrieb oder eine Veränderung im Personalgefüge, in deren Zuge Sie dann auch dem bisher unbesiegbaren Zeitfresser auf den Leib rücken können.

Sie sehen: Es ist eine Herausforderung, einerseits dafür zu sorgen, dass sich keine neuen Zeitfresser bei Ihnen einschleichen können, und sich andererseits auch nicht im Kampf gegen Windmühlenflügel zu verlieren.

Diese Herausforderung können Sie meistern, wenn Sie drei Dinge immer beibehalten:

- → Verlieren Sie Ihre Wachsamkeit nicht, kultivieren Sie die Unzufriedenheit!
- → Fragen Sie immer wieder nach: Wozu ist das jetzt gut?
- → Stellen Sie bei jeder neuen Tätigkeit eine Aufwand-Nutzen-Rechnung auf. So erkennen Sie sofort, ob es sich um einen Zeitfresser handelt oder um eine sinnvolle Aufgabe.

Wenn Sie diese drei Punkte im Auge behalten, gewinnen Sie etwas sehr Wertvolles: Klarheit. Sie können neue Tätigkeiten und Vorgehensweisen einschätzen und gewinnen eine eindeutige Haltung, wie Sie damit umgehen. So werden Sie nie wieder völlig von Bürokram überwältigt. Selbst wenn es das eine oder andere gibt, das Sie nicht ändern können, oder wenn Ihnen immer mal wieder ein neuer Zeitfresser auf den Tisch geknallt wird – Sie wissen jetzt immerhin, woran Sie sind.

Also doch alles nicht ganz so toll? Wenn es Zeitfresser gibt, die Sie beim besten Willen nicht abschaffen können, wenn trotz aller Bemühungen immer wieder neue auftauchen – lohnt es sich dann überhaupt noch, die Sache anzugehen?

FALSCHER FREUND NUMMER 5

Das hat ja doch alles keinen Zweck!

Auch wenn Sie beim Zeitfresser-Bekämpfen mal wieder von einem Windmühlenflügel durch die Gegend gewirbelt wurden: Lassen Sie sich nicht entmutigen! Gedanken wie „Das schaffe ich nie“, „Der Aufwand lohnt sich doch gar nicht“ oder „Wozu soll ich ein Haus aufräumen, das an allen Ecken brennt?“ bringen Sie nicht weiter, im Gegenteil. Sie hindern Sie daran, weiter das zu tun, was möglich ist. Der falsche Freund Nummer 5 ist also der fieseste von allen. Er will Sie dazu verleiten, Ihre bisherigen Erfolge aufzugeben und sich nicht weiter zu bemühen. Auf diese Weise öffnet er dem Bürokram wieder Tür und Tor. Und all der Freiraum, den Sie bisher gewonnen haben, geht wieder verloren. Lassen Sie sich das nicht gefallen! Bleiben Sie konstruktiv!

Es ist ganz normal, dass Sie nicht überall und nicht auf Anhieb erfolgreich sein können. Zeitfressenden Bürokram loszuwerden ist ein andauernder Prozess. Da sind Rückschläge vorprogrammiert. Wenn Sie mehrere Anläufe brauchen, um einen bestimmten Zeitfresser loszuwerden, liegt das nicht daran, dass Sie ungeschickt oder nicht entschlossen genug vorgegangen wären. Sondern einfach daran, dass der Zeitfresser so hartnäckig ist. Es kann jedem mal passieren, dass er gegen eine Wand rennt. Die Schlauen lernen draus. Sie rennen nicht noch ein zweites Mal gegen dieselbe Wand, sondern wählen einen anderen Weg. Wenn dort auch eine Wand stehen sollte: Shit happens! Das

Leben besteht aus Versuch und Irrtum. Der dritte oder vierte Weg, den Sie ausprobieren, ist dann vielleicht frei und führt zum gewünschten Ziel.

Und zu den neuen Zeitfressern, die ab und zu in Ihrem perfekt aufgeräumten Büro auftauchen und sich bei Ihnen breitmachen wollen: Ja, ich weiß, dass das ärgerlich ist. Aber kein Grund, den Kampf aufzugeben. Oder würde eine Hausfrau, der die Kinder mit ihren dreckigen Fußballschuhen über den frisch geputzten Boden rennen, fluchend den Wischmopp in die Ecke werfen und sagen: „Dann lasse ich es in Zukunft eben bleiben?“ Nein. Sie wird die Ärmel hochkrempeln, die Kinder zum Schuheausziehen ermahnen und dann halt noch mal wischen. Und ein paar Tage später wieder. Und wieder. Auch wenn ein paar Stunden später wieder eine Horde Kinder durchs Zimmer trampelt – wenn sie es nicht täte, würde der Unterschied bald sehr deutlich: Der Dreck würde nach zwei oder drei Wochen zentimeterdick in der Diele kleben.

Keine Insel

Es nützt also nichts, wenn Sie einmal dem Bürokram an den Kragen gegangen sind. Sie müssen es immer wieder tun. Die gute Nachricht dabei ist: So geballt wie am Montag werden die Zeitfresser nie wieder bei Ihnen auftauchen. Der Zustand, den Sie am Montag vorgefunden haben, war ja das Ergebnis von vielen Jahren, in denen sich die Zeitfresser ungehindert breitmachen konnten. Das ist vorbei. Heute, am Donnerstag, sitzen Sie in einem blank geputzten Büro, das viel leichter in Ordnung zu halten ist als das Anfangschaos. Es kommen ja nicht jeden Tag hundert neue Probleme auf Sie zu. Sondern vielleicht eins oder zwei.

Und noch eine gute Nachricht: Solange die Probleme noch ganz frisch und neu sind, sind sie viel einfacher zu bekämpfen. Wenn Sie den Bürokram ausrupfen, solange er nur ein paar zarte Blätter und feine Fadenwurzeln hat, also bevor er sich richtig fest im fruchtbaren Boden Ihres Büroalltags verwurzelt hat, geht es ganz einfach.

Nur ein Beispiel: Wenn es im Team seit drei Jahren üblich ist, sich einmal in der Woche zu treffen und über den Stand der Dinge auszutauschen, dann ist das zur Institution geworden. Die Leute haben sich in ihren Arbeitsabläufen auf diese Meetings eingestellt, mehr noch, sie brauchen sie, um ihr soziales Kontaktbedürfnis zu befriedigen. Die Kekse sind gut, die Kollegen sind nett und das Meeting verbreitet gemütlichen Stallgeruch. Wenn Sie in dieser Situation kommen und fragen: „Moment mal, ist das überhaupt nötig, dass wir uns so oft treffen? Könnten wir dieselben Inhalte nicht genauso über das Projektmanagement-Portal austauschen?“, dann sind Sie der Saboteur am Gemeinschaftsgefühl. Und werden gedisst. Das Meeting ist zum liebgewonnenen Kind geworden. Deshalb wird es sehr schwer für Sie sein, mit Ihrem Vorschlag durchzudringen – selbst wenn Sie beschwichtigend hinzufügen, dass man ja stattdessen abends zusammen etwas trinken gehen könnte.

Aber wenn bisher kein solches regelmäßiges Meeting stattgefunden hat und jetzt neu eingeführt werden soll, dann können Sie sofort eingreifen: „Halt! Ist das denn wirklich nötig? Täte es nicht auch ein monatliches Meeting? Oder eine Telefonkonferenz?“ Weil sich der Zeitfresser noch nicht eingenistet hat, sind die Teilnehmer noch eher bereit zu hinterfragen. So haben Sie gute Chancen, das Bürokram-Problem abzuwenden und gar nicht erst Wurzeln schlagen zu lassen.

So, den Donnerstag haben Sie schon fast hinter sich, der Feierabend winkt schon in der Ferne. Jetzt haben Sie noch die Königsklasse vor sich: Sie werden in ein Haifischbecken geschmissen.

Meldung im Mitarbeiter-Newsletter Ihres Unternehmens:

Für die Nachfolge von Herrn Platzhirsch, der – wie bereits berichtet – zum Ende des Quartals zur Zentrale in London wechselt, wurde eine gute Lösung gefunden. Herr Leser wird seinen bisherigen Posten übernehmen. Seine strukturierte Arbeitsweise, hohe Eigeninitiative sowie die Fähigkeit, Bürokram mit Stumpf und Stiel auszurotten, lassen ihn große Aufgaben mit Leichtigkeit bewältigen. Dies macht ihn zur idealen Besetzung für diese Position. Wir wünschen Herrn Leser in seiner neuen Abteilung alles Gute zu seiner Beförderung und weiterhin viel Erfolg.

Ihre neugewonnene Effektivität fällt natürlich auf. Und eines Tages kommt Ihr Chef auf Sie zu und fragt Sie: „Könnten Sie sich auch vorstellen, den Bereich XY zu übernehmen?“

Beförderung? Oder zumindest eine Erweiterung des Aufgabenfelds? Ja gerne! Ich gratuliere Ihnen. Prima Sache – mit nur einem kleinen Haken. Aber mit dem werden Sie leicht fertig.

Der Haken ist der: Sie übernehmen ein neues Aufgabenfeld, und zwar vermutlich eines, das nicht gerade erst frisch urbar gemacht wurde, sondern das vorher jemand anderer bewirtschaftet hat. Jemand anderer, der möglicherweise noch nicht so viel Übung im Ausrotten von Zeitfressern hat wie Sie inzwischen. Das bedeutet: Möglicherweise übernehmen Sie ein Feld, das von Unkraut überwuchert ist. Das müssen Sie erst mal komplett jäten. Ihnen wird nichts anderes übrigbleiben, als den Prozess ab dem Kapitel Dienstag zu wiederholen. Aber auch wenn Ihr Vorgänger eine Arbeitsweise entwickelt hat, die für ihn persönlich sinnvoll und weitgehend bürokramfrei war: Es ist noch lange nicht gesagt, dass seine Strukturen auch zu Ihnen passen. Auf jeden Fall sind Sie Ihnen neu, und vielleicht ist nicht auf den ersten Blick zu erkennen, was davon sinnvolle Aufgaben und was Zeitfresser sind. Sie müssen also in der ersten Zeit Augen und Ohren besonders weit offen halten, um Zeitfresser in vielleicht neuen, Ihnen bisher noch unbekannten Verkleidungen zu enttarnen. Aber darin haben Sie ja mittlerweile Übung, nicht wahr? Auf jeden Fall wird der Karrieresprung Ihnen die zusätzliche Wachsamkeit versüßen.

Sie können auch davon ausgehen, dass es nicht das letzte Feld ist, das Sie roden müssen. Mit jedem Schritt auf der Karriere- und Gehaltsleiter werden Sie ein neues Umfeld vorfinden, das Sie erst mal wieder von Bürokram befreien müssen. Ein Trost: Mit jedem Mal wird es leichter gehen! Eines wird Ihre Arbeit deutlich vereinfachen: Sie müssen, wenn Sie das Feld wechseln, den Dreck von Ihren Schuhen streifen. Folgendes Beispiel zeigt Ihnen, was ich meine.

Nehmen wir mal an: Die Zeit, die Sie durch das Ausmerzen von Bürokram gewonnen haben, haben Sie investiert, um Chinesisch zu lernen. Denn Ihr Unternehmen unterhält intensive Geschäftskontakte nach China. Sobald Sie sich einigermaßen flüssig auf Chinesisch ausdrücken können und auch die wichtigsten kulturellen Fettnäpfchen zu vermeiden gelernt haben, wird Ihnen die Betreuung chinesischer Geschäftskunden übertragen. Ihre bisherigen Aufgaben übernimmt ein Kollege. Aber weil das für ihn noch neu ist, kommt er immer wieder auf Sie als alten Hasen zu und fragt um Rat. Was werden Sie tun? Werden Sie sich verzetteln, mit einem Bein in Ihrem neuen Leben stehen und mit dem anderen noch in Ihrem alten, weil Sie Ihrem Nachfolger zur Hand gehen? Oder schaffen Sie es, sich abzugrenzen und zu sagen: „Nein, tut mir Leid, ich habe jetzt andere Aufgaben!"?

Eines ist sonnenklar: Für beide Felder reicht Ihre Zeit nun mal nicht. Ihre neue Aufgabe braucht Ihre volle Konzentration. Denn hier muss ja erst einmal ausgemistet werden. Umgehend. Erst dann, wenn Sie an Ihrem neuen Umfeld den Bürokram ausgerottet haben, hätten Sie Zeit für Ihren Nachfolger. Der braucht Sie aber sofort. Die Lösung: Nehmen Sie sich Zeit für eine umfassende Übergabe des alten Arbeitsplatzes an Ihren Nachfolger. Erklären Sie ihm die Abläufe, stellen Sie ihn den relevanten Mitarbeitern, Dienstleistern und Kunden vor. Klären Sie vor allem die Erwartungshaltung aller Beteiligten. Und dann machen Sie die Tür hinter sich zu.

Ob es nun ein neues Arbeitsfeld ist, eine neue Arbeitsmethode oder eine neue Art, sich zu organisieren: Um das Neue konsequent durchziehen zu können, müssen Sie das Alte loslassen. Und zwar ohne Ausnahme. Sonst sitzen Sie wieder dem falschen Freund „einmal ist keinmal" auf. Und schwupps, öffnet er allen möglichen Zeitfressern die Türe.

Wenn Sie dagegen mit einer selbstbewussten, klaren Haltung unterwegs sind, wenn Sie signalisieren: „Bei mir hat Bürokram keine Chance!", dann wird von Anfang an viel weniger von dem Mist bei Ihnen landen. Ein paar Probleme werden trotzdem noch durchkommen – aber mit denen werden Sie nun fertig.

Mission accomplished? Nein, noch nicht ganz.

FALSCHER FREUND NUMMER 6

Es geht hier nur um mich.

Jetzt haben wir die ganze Zeit darüber gesprochen, was Sie unternehmen können. Wie Sie Ihren Schreibtisch freibekommen. Aber es gibt ja auch noch die Kollegen. Und Ihr Team. Und Ihre Vorgesetzten. Die leiden genauso sehr unter dem Bürokram wie Sie früher. Genauso wie Sie versuchen sie alles Mögliche, um die lästigen Zeitfresser endlich loszuwerden. Und scheitern immer wieder daran, weil sie nicht die Wurzel des Problems zu packen bekommen, sondern nur ein paar Blätter.

Wollen Sie mit denen nicht die Freude teilen, mit der Arbeit gut fertig zu werden? Bestimmt! Freude zu teilen ist ein grundlegendes menschliches Bedürfnis. Macht ja auch auf Dauer keinen Spaß, immer um 15 Uhr heimzugehen, während die Kollegen noch bis 19 Uhr dahocken. Schöner wäre es doch, wenn Sie alle zusammen nachmittags noch auf eine Runde im Park gehen könnten. Wenn es Ihnen bei der Arbeit gut geht, soll es den anderen auch gut gehen.

Und gut geht es den anderen dann, wenn sie effektiv und zielgerichtet arbeiten können. Wenn sie ihre Zeit nicht vergeuden. Wenn sie sehen, dass sie Wirkung erzielen. Wenn sie nicht mehr von ihrem Bürokram getrieben werden, sondern selbstbestimmt arbeiten können. Jeder Angestellte ist ein Selbstständiger light: Die meisten planen und entscheiden lieber selbst, was sie wann wie machen. Das wird aber nur möglich, wenn Ihre Kollegen ebenso wie Sie mit dem bescheuerten Bürokram aufräumen.

Noch etwas kommt hinzu: Auf Dauer ist es für Sie verdammt anstrengend, ständig gegen den Strom zu schwimmen. Das machen Sie gerne mal, um eine Veränderung einzuleiten. Aber nicht ständig. Zum einen, weil es keinen Spaß macht, die Linde im Fichtenwald zu sein. Und zum anderen, weil auch Sie selbst besser arbeiten und mehr erreichen können, wenn Ihre Kollegen ihrerseits ihre Ziele erreichen und die Zeit nicht mit Bürokram verdaddeln. Ist ja unvermeidlich, dass Sie für viele Ihrer Arbeitsschritte darauf angewiesen sind, dass ein anderer seinen Beitrag leistet. Oder schon geleistet hat.

Es ist also in jeder Hinsicht sinnvoll, wenn Sie das, was Sie gerade erkannt haben, mit den Kollegen teilen! Und ihnen zeigen, wie sie mit ihrem eigenen Bürokram aufräumen können. Keine Sorge, ich werde Sie nicht wegen Copyright-Verletzung verklagen, wenn Sie den einen oder andern Tipp aus diesem Buch weitererzählen. Wie Sie das am geschicktesten angehen, zeige ich im nächsten Kapitel.

Feierabend

Am Donnerstag haben Sie dafür gesorgt, dass sich nie wieder Bürokram-Probleme bei Ihnen breitmachen können. Sie bleiben wachsam und verweisen alle neu auftauchenden Probleme sofort in ihre Schranken. Wenn in Ihrem Unternehmen eine Bemühenskultur herrscht, die Ihnen manche Zeitfresser mit Macht aufs Auge drückt, begrenzen Sie wenigstens den Schaden.

Die Gedankenfallen, die dem Bürokram wieder Tür und Tor öffnen würden, umgehen Sie, indem Sie den folgenden falschen Freunden die kalte Schulter zeigen:

- Ich bin fertig, also muss ich nicht mehr aufpassen.
- Einmal ist keinmal.
- Den Kollegen nicht auszuhelfen, wäre doch egoistisch!
- Ich bin für alles verantwortlich.
- Das hat ja doch alles keinen Zweck!
- Es geht hier nur um mich.

Sie wissen: Ab und zu werden neue Bürokram-Probleme bei Ihnen auftauchen, aber nie wieder so geballt wie zu Beginn. Sie haben eine Methodik entwickelt, mit der Sie jede neue Arbeitsweise, die an Sie herangetragen wird, unter die Lupe nehmen und erkennen, ob es ein echter Zeitfresser ist oder nicht. Und wenn es ein Zeitfresser ist, ob sich seine Bekämpfung wirklich lohnt oder ob sie ein Kampf gegen Windmühlenflügel wäre. Mit dieser Messlatte entwickeln Sie eine klare Haltung, die Sie befähigt, jeden Bürokram, der es doch noch in Ihr Umfeld schafft, rasch und gezielt zu bekämpfen.

Sie haben also für sich alle Freiheit gewonnen, die in Ihrem Unternehmen möglich ist. Jetzt geht es nur noch darum, diese Freiheit auch an Ihre Kollegen und am besten an das ganze Unternehmen weiter zu schenken.

Freitag: Alle mit ins Boot!

„Kommen Sie, Mylady, das Boot ist bereit!"

„Aber warum sollte ich? Es ist mitten in der Nacht, und dieses wacklige Bootchen sieht mir nicht sehr vertrauenerweckend aus. Hier dagegen haben wir Licht, Musik, Stimmung, guten Service … und Herr Offizier, es besteht doch nicht wirklich Gefahr, oder?"

Die Schiffsoffiziere, die die Passagiere zu den Rettungsbooten lotsen sollen, sind anfangs wenig erfolgreich. Der Kapitän hat sie angewiesen, nur von einem „Bootsmanöver" zu sprechen, um Panik zu verhindern. Aus dem gleichen Grund hat er das Schiffsorchester angewiesen weiterzuspielen, als ob nichts geschehen sei. Die Kollision mit dem Eisberg haben die Passagiere allenfalls nebenbei mitbekommen. Das Ergebnis: Kaum einer sieht die Notwendigkeit, das nagelneue Dampfschiff zu verlassen. Zumal es aufgrund seiner speziellen Konstruktion mit abtrennbaren Abteilen im Rumpf als unsinkbar gilt.

Auch als allmählich deutlich wird, dass der Schaden am Schiffsrumpf doch größer ist als gedacht, läuft die Evakuierung nur schleppend weiter. Die Passagiere, die sich nun doch um die Rettungsboote drängen, werden rigoros sortiert.

„Halt, Sie nicht, Sir! Frauen und Kinder zuerst!"

„Aber hier sind doch gar keine Frauen und Kinder mehr!"

„Es könnten ja noch welche an Bord sein. Also keine Diskussion. Zurück, zurück!"

Der junge Offizier wendet sich einer Familie zu, die eben ins Rettungsboot steigen möchte:

„He, Sie, junger Mann, überlassen Sie den Platz kleinen Kindern!"

Der junge Mann, den er so angesprochen hat, ist ein Teenager, hochgeschossen und schlaksig, aber noch mit rundem Kindergesicht. Die Mutter legt schützend den Arm um ihn.

„Mein Sohn ist erst 13, er ist noch ein Kind! Wollen Sie ihn umbringen?"

Erst als die umstehenden Passagiere für die Familie Partei ergreifen, lässt der Offizier den Jungen ins Rettungsboot steigen. Kurz darauf wird es mit zwölf Frauen und Kindern darin zu Wasser gelassen – obwohl es für 40 Personen ausgelegt ist. Auch weitere Rettungsboote legen halbleer ab.

Die Neigung des Schiffs wird unterdessen immer stärker. In Panik drängen sich die Passagiere um die verbliebenen Rettungsboote. Mit 70 Personen überladen, wird das letzte Boot hastig zu Wasser gelassen. Kurz darauf bricht das sinkende Schiff in der Mitte auseinander. Der Bug verschwindet kopfüber im Ozean, Wellen schlagen an die Rettungsboote. Das Heck richtet sich immer steiler auf, nach zwei Minuten versinkt es ebenfalls. Matrosen und Drittklasse-Passagiere, die es bis ans Deck geschafft haben, springen in den eiskalten Ozean und schwimmen auf die halbvollen Rettungsboote zu.

„Himmel hilf, wenn die alle gleichzeitig versuchen hereinzuklettern, dann kentern wir!", ruft eine elegant gekleidete junge Frau in einem der Boote. Ihre Angst steckt die übrigen Geretteten an. Sie greifen zu den Riemen – und rudern das Rettungsboot vom sinkenden Schiff und den schwimmenden Menschen weg. Die kommen nicht hinterher. Das eisige Wasser betäubt sie. Auch die übrigen halbvollen Boote ergreifen die Flucht. Nur eins davon kehrt um und sammelt noch drei Überlebende ein, die sich an Treibgut geklammert haben. Bald verstummen die letzten Hilferufe aus dem Wasser.

Über zwei Drittel der 2224 Menschen an Bord der Titanic sind in der Nacht vom 14. auf den 15. April 1912 ertrunken. In den Rettungsbooten wäre Platz für immerhin 1178 Menschen gewesen. Aber nur 705 wurden rechtzeitig ins Boot geholt.

•••••••••

Natürlich ist Ihr Unternehmen kein sinkendes Schiff, und Ihre Kollegen sind nicht in Lebensgefahr. Nicht im eigentlichen Sinne. Aber finden Sie es in Ordnung, wenn Sie sicher, trocken und warm im Rettungsboot sitzen und den anderen Passagieren, die noch kopflos an Deck herumlaufen, zusehen dürfen? Oder geschickt denjenigen ausweichen, die noch mit ihren Rettungswesten im eiskalten Wasser paddeln? Solange Sie sie nicht mit ins Boot holen, ertrinken Ihre Kollegen jeden Tag im Bürokram. Aber auch für Sie ganz persönlich ist es von Vorteil, wenn Sie das Boot voll machen. Dann haben Sie nämlich eine größere Besatzung für die Ruder …

Aber lassen Sie mich erst mal einen Schritt zurück machen und fragen: Was bedeutet das eigentlich genau, alle mit ins Boot zu holen? Für mich bedeutet das zweierlei. Erstens: Alles, was Sie tun, hat Einfluss auf die Arbeit Ihrer Kollegen, Ihres Chefs, Ihrer Kooperationspartner. Wenn Sie also Ihre Arbeitsweise ändern, müssen Sie sicherstellen, dass die neue Form mit der Arbeitsweise Ihrer Kollegen, Ihres Chefs, Ihrer Kooperationspartner kompatibel ist. Denn sonst arbeiten Sie gegeneinander statt miteinander.

Zweitens: Sie haben Ihren Zeitfressern den Garaus gemacht. Jetzt können Sie Ihren Kollegen helfen, es genauso zu machen. Dann genießen auch Ihre Kollegen die Freude, effektiv arbeiten und pünktlich heimgehen zu können. Die Gesamt-Produktivität des Unternehmens wird besser. Und die positiven Effekte breiten sich immer weiter aus …

Die Art der Überzeugungsarbeit, die Sie für beide Ziele leisten müssen, ist dieselbe. Am besten ist es natürlich, wenn es Ihnen gelingt, die beiden Punkte miteinander zu verbinden. Wenn Sie also erreichen, dass die Arbeitsweise Ihrer Kollegen, Ihres Chefs, Ihrer Kooperationspartner mit Ihrer neuen Methode kompatibel ist und diese, vielleicht durch Ihr Vorbild, ebenfalls gewillt sind, Zeitfresser abzuschaffen und Ihre Methoden zu übernehmen. Das spart beiden Seiten viel Zeit und viele Konflikte.

Aber bis Sie dorthin kommen, haben Sie noch ein Stückchen Weg zu gehen. Der erste Schritt dabei ist, dass Sie sich klarmachen: Auf welche Weise beeinflussen Ihre neuen Arbeitsweisen Ihr Umfeld?

Risiken und Nebenwirkungen

Ihre neue Arbeitsweise erfordert von Ihrem Umfeld eine Umstellung. Auf den ersten Blick müssen Ihre Kollegen, Kooperationspartner oder Ihr Chef manchmal sogar Nachteile in Kauf nehmen. Sie müssen unter Umständen

- zusätzlichen Zeitaufwand einplanen
- ein Kostenrisiko in Kauf nehmen
- ihre Zeiteinteilung neu überdenken
- ihr Kommunikationsverhalten verändern

Aber der Reihe nach.

Zusätzlicher Zeitaufwand

Sie lassen sich von Kollegen keinen Bürokram mehr aufdrücken – also müssen die den erst mal selbst erledigen. Jedenfalls so lange, bis sie sich dazu durchringen, ihn überhaupt nicht mehr zu erledigen.

Wenn Sie selbst Chef sind und beschließen, einige Verwaltungstätigkeiten konsequent an Ihre Mitarbeiter zu delegieren (so wie ich meine Reisebuchungen), dann müssen die das notgedrungen machen. Ihre Mitarbeiter haben also einen zusätzlichen Zeitaufwand. Für den werden sie zwar bezahlt, aber sie müssen sich daran gewöhnen.

Kostenrisiko

Wie das? Ganz einfach: Eine der effektivsten Methoden, um Zeitfresser zu eliminieren, ist Kram wegwerfen. Es gibt ja eine Menge Dinge, die dazu neigen, sich anzusammeln, bis Ihr Büro der Wohnung eines Messies gleicht:

- Mehrfach-Ausdrucke wichtiger Dokumente in verschiedenen Stadien (Entwurf, Reinschrift ohne Unterschrift, Reinschrift mit Unterschrift)
- ausgedruckte Mails
- Lieferantenkataloge von 2005
- Visitenkarten früherer Geschäftskontakte
- Originalverpackungen von Geräten
- kaputte Geräte, die man vielleicht noch mal reparieren lassen will
- alte Ladekabel – wer weiß, ob die Abteilung noch einmal ein Gerät kauft, das dasselbe Ladekabel hat; und wenn das dann mal verloren geht, hat man Ersatz …
- usw.

All das wird aufgehoben im Gedanken: Vielleicht braucht es noch irgendwann mal irgendjemand. Vielleicht brauchen wir die Verpackung zum Umtausch. Vielleicht wollen wir ja noch mal Kontakt zu dem alten Geschäftspartner aufnehmen. Vielleicht entdecken wir zwischen den alten Vertragsentwürfen ja irgendwann mal die Börsenprophezeiungen des Nostradamus, die unseren Aktienkurs in schwindelnde Höhen treiben. Vielleicht … vielleicht wird auch eines Tages ein Geheimgang von Ihrem Firmengebäude zum Goldspeicher von Dagobert Duck entdeckt.

Wenn Sie diesen gesammelten Kram einfach packen und wegwerfen, dann riskieren Sie, dass dem Unternehmen möglicherweise in ein paar Jahren Kosten entstehen, weil es eben doch ein neues Ladekabel kaufen muss. Oder dass Arbeitszeit und damit Lohnkosten aufgewandt werden müssen, um die Kontaktdaten eines Geschäftspartners neu zu recherchieren. Aber mal ehrlich: Sie würden wahrscheinlich sowieso ein neues Gerät kaufen, einen neuen Geschäftspartner ausfindig machen. Egal, ob Sie die alten Sachen noch da haben oder nicht.

Auf der anderen Seite: Diesen gesammelten Kram wegzuwerfen ist ungeheuer befreiend. Sie gewinnen einen freien Kopf und freie Fahrt im freien Büro. Sie sparen jede Menge Zeit, die Sie sonst mit Suchen und Wühlen verbringen würden. Sie sparen Platz, die Kosten für einige Aktienordner, eventuell sogar die Miete für ein größeres Büro. Was Sie beim Ausmisten sparen, ist weit mehr als die Kosten, die dadurch eventuell in ferner Zukunft entstehen könnten.

Und wie holen Sie nun Ihre Kollegen bzw. Ihren Vorgesetzten ins Boot? Die sinnvollste Vorgehensweise ist: Sagen Sie ihnen Bescheid, dass Sie vorhaben auszumisten. Nennen Sie ihnen die Vorteile, und fragen Sie: „Welche Sachen darf ich auf keinen Fall wegwerfen?“ So vermeiden Sie, das Ladekabel für das iPad des Sohnes vom Chef wegzuwerfen, das auf seltsame Weise zwischen den Büroschrott gelangt ist. Oder das einzige Dokument, das nächste Woche unbedingt noch gebraucht wird …

Natürlich haben manche Sachen einen Wert, der über das Materielle hinausgeht. Zum Beispiel Visitenkarten. Die stehen für wertvolle Kontakte, quasi für einen Menschen. Aber soll man sie deswegen ewig aufheben? Finde ich nicht. Mir ist es mal passiert, dass meine Mitarbeiter und ich auf der Cebit über 400 Visitenkarten von potenziellen Geschäftspartnern eingesammelt haben. Dummerweise haben wir vergessen, sie gleich beim Einsammeln zu sortieren. Wir hatten also einen Riesenhaufen Pappe, von denen kein Mensch mehr wusste, welcher Teil davon für uns als Geschäftskontakt interessant war, und welchen Teil wir nur aus Höflichkeit angenommen hatten. Wertvolle Informationen verlieren ihren Wert komplett, wenn man sie nicht einordnen kann. Nach kurzem Zögern habe ich den ganzen Stapel Visitenkarten weggeworfen. Schade, aber was sonst hätte ich damit anfangen können? Sie in eine Schale füllen und jedes Mal, wenn ich nach einem Kooperationspartner suche, Visitenkarten-Lotterie spielen?

Es gibt noch andere Zeitfresserkiller, die auf den ersten Blick das Unternehmen Geld kosten, auf den zweiten aber Kosten sparen. Zum Beispiel wenn Sie Reisekosten nicht mehr über Einzelbelege, sondern mit einem Pauschalbetrag abrechnen und damit sich selbst und der Buchhaltung viel Arbeitszeit ersparen. Oder wenn Sie Rechnungen über Minimalbeträge gar nicht mehr erst ausstellen. Jemandem 5,40 Euro Gebühren für die Nutzung von Bildmaterial in Rechnung stellen? Da kosten die Zeit fürs Ausstellen der Rechnung und das Porto mehr. Leider können Sie mit dem Unfug nicht einfach so aufhören; schließlich gibt es Regeln, wie die Abrechnung auszusehen hat. Da müssen Sie erst mal Überzeugungsarbeit leisten, damit die Vorschriften und Dienstwege für alle geändert werden.

Zeiteinteilung neu setzen

Mir ist es früher ständig passiert, dass mir ein wichtiger Geschäftspartner eine Mail mit fünf roten Ausrufezeichen geschickt hat und irgendetwas unbedingt noch am selben Tag erledigt haben wollte. Mache ich heute nicht mehr. Wie auch, wenn ich meine Mails erst ab 18 Uhr lese? Ich habe diesem Partner ganz klar kommuniziert: Aufträge am selben Tag erledigen funktioniert nicht.

Das Spannende ist: Ich habe diesen Geschäftspartner nicht verloren und auch keine Flut von Beschwerden ausgelöst. Sondern seine Auftragsabteilung sagt mir tatsächlich ein paar Tage vor ihrer Deadline Bescheid. Ich bin sicher: Das wäre früher auch möglich gewesen. Die überlegen ja nicht morgens um neun, was sie an diesem Tag machen wollen. Sondern sie planen ein paar Wochen im Voraus, und dann liegt der Plan irgendwo rum, bis plötzlich irgendjemand merkt: Oh Mist, das soll ja bis morgen fertig sein! Dann ist die Hektik groß, und genau diese Hektik haben sie früher an mich weitergegeben. Seit sie wissen, dass das nicht mehr funktioniert, geben sie die Auftragsanfrage einfach gleich an mich weiter, statt sie bei sich anstauben zu lassen. Klappt wunderbar.

So was beruht natürlich auf Gegenseitigkeit. Wenn ich von meinen Geschäftspartnern verlange, dass sie mir genügend Vorlauf geben, dann muss ich das auch bei ihnen tun. Spontane „Wir-brauchen-das-bis-heute-Abend"-Aktionen sind seither tabu.

Und so funktioniert es, die Leute mit ins Boot zu holen: Sie müssen Ihre Arbeitsweise für jeden Beteiligten transparent machen. Gesetzt den Fall, Sie beschließen, dass Sie sich ab sofort jeden Vormittag einschließen und nicht zu sprechen sind; oder dass Sie Mails erst abends beantworten – das müssen die Kollegen wissen! Damit sie ihre Zeit entsprechend einteilen können. Dann wird zum Beispiel Kollege Heinz eine Mail, für die er die Antwort um 15 Uhr braucht, nicht erst um 14.45 Uhr an Sie abschicken, sondern gleich morgens. Und Kollegin Anna, die sich regelmäßig mit Ihnen abstimmen muss, weiß, dass sie nicht den Vormittag dafür einplanen und den Nachmittag mit Telefonterminen zupflastern sollte. Normalerweise ist die Umstellung der Zeitplanung für die Kollegen kein Nachteil – sie müssen sich eben nur daran gewöhnen. Das ist ein bisschen Aufwand. Aber machbar.

Kommunikationsverhalten verändern

Über die cc-Flut im Mailverkehr ist schon viel gelästert worden. Sie werden mir sicher zustimmen, dass es den Bürokram erheblich reduziert, wenn Sie Mails nur noch an die Leute schicken, die diese Informationen zum Weiterarbeiten unbedingt brauchen, die also wegen und mit dieser Mail unmittelbar etwas unternehmen werden. Dann bekommen Sie nämlich automatisch auch selbst wesentlich weniger cc-Mails. Schon allein, weil all die „Oh-danke-ich-werde-es-mir-anschauen"-Mails wegfallen. Und sie müssen sich auch nicht mehr mit den Antworten von Leuten herumschlagen, die glauben, nur weil sie auf cc gesetzt waren, müssten sie einen Kommentar zum Inhalt der Mail abgeben. Irgendeinen.

Das Merkwürdige ist: Wenn Sie von jetzt auf nachher die ganzen cc-Mails weglassen, sind die Leute, die verschont geblieben sind, Ihnen gar nicht unbedingt dankbar. Die erste Reaktion ist nicht: „Wow, danke, mein Postfach ist jetzt so übersichtlich", sondern: „Wie, bin ich auf einmal nicht mehr wichtig genug, dass ich informiert werde?" Die Leute fühlen sich nicht befreit, sondern abgehängt.

Dem können Sie zuvorkommen, indem Sie vorher ankündigen, dass und warum Sie die cc-Mails weglassen. Dann können die Kollegen das richtig einordnen. Und gleichzeitig wissen sie von diesem Augenblick an: Wenn ich von Herrn oder Frau Leser eine Mail bekomme, dann ist die wichtig. Dann geht die mich direkt an und ist nicht „nur zur Kenntnisnahme". Also erzielen Sie den angenehmen Nebeneffekt, dass Ihre Mails tatsächlich beachtet werden.

Sie können sogar noch einen Schritt weiter gehen und cc-Mails radikal eliminieren. Ein Kunde von mir hat dafür eine Lösung entwickelt, die ich genial finde. Er hat in seinem Mailprogramm einen Filter eingerichtet, der alle Mails, die mein Kunde nur als cc-Adressat bekommen hat, sofort löschte.

Wie jetzt? Und falls doch einmal etwas Wichtiges dabei war? Auch dafür hat mein Kunde vorgesorgt. Jeder, der an ihn eine cc-Mail geschickt hatte, bekam nämlich eine Autoresponder-Antwort:

„Um mein Postfach schlank zu halten, werden alle cc-Mails automatisch gelöscht, da sie mich in der Regel nicht direkt betreffen. Auch Ihre Mail wurde aussortiert. Falls Sie doch mich persönlich gemeint haben, schicken Sie doch bitte diese Mail noch einmal an mich als Direkt-Adressaten."

Mein Kunde wurde durch diesen automatischen Filter seinen Mail-Müll los; seine Kontakte überlegten sich von da an genau, ob eine Mail ihn wirklich betraf oder nicht. Und ich weiß von keinem, der beleidigt reagiert hätte. Im Gegenteil, mein Kunde bekam einiges positives Feedback für die gute Idee.

Ein weiteres Beispiel für verändertes Kommunikationsverhalten: Wenn Sie in Zukunft zwei Tage pro Woche im Homeoffice verbringen, dann können die Kollegen nicht mehr einfach in Ihr Büro laufen, wenn sie etwas Wichtiges zu besprechen haben. Im Idealfall überlegen sie sich einen oder zwei Tage vorher, was sie mit Ihnen abzuklären haben, und besprechen das, solange Sie noch im Büro sind. Wenn Sie in einem Bereich arbeiten, in dem manchmal ganz kurzfristige Absprachen nötig sind, dann müssen diese Absprachen während der Homeoffice-Zeit auf anderen Kanälen verlaufen als bisher. Die Kollegen müssen Sie anmailen oder auf Ihrer Privatnummer anrufen – falls Sie die preisgegeben haben. Auf jeden Fall wird die Hemmschwelle zum Schnell-mal-eben-Anfragen höher.

KEINE SORGE!
Es kostet Ihr Umfeld zwar etwas Aufwand, sich auf die neue Arbeitsweise einzulassen. Aber Sie wissen: Dieser Aufwand lohnt sich für alle.

Wenn Sie das geschickt vermitteln, können Sie Kollegen, Chef und Geschäftspartner mit ins Boot holen. Nur zu rufen: „Macht mal! Es soll euer Schaden nicht sein!“ reicht allerdings nicht. Zu den Geschicklichkeitsanforderungen gehört es auch, das Boot um vier gefährliche Klippen herum zu steuern.

Erste Klippe: Die Macht der Gewohnheit

Wenn es in Ihrem Unternehmen normal ist, Zeitfresser zu hegen und zu pflegen, dann haben Ihre Kollegen diese putzigen Tierchen richtiggehend liebgewonnen. Wenn Sie dann daherkommen und sie ins Tierheim abschieben wollen, sind Sie der Bösewicht. Der Spielverderber.

Aber das muss nicht sein! Sie wollen ja nicht das Spiel verderben, sondern lediglich ein paar neue Regeln einführen, die es spannender machen. Davon müssen Sie aber Ihre Mitspieler erst mal überzeugen. Denn wenn Sie alleine nach den neuen Regeln spielen, bringt das wenig. Wie bringen Sie also die anderen dazu mitzumachen? Dazu schlüpfen Sie am besten in die Rolle eines Verkäufers. Eines Verkäufers, der überzeugt ist: „Mein Kunde braucht das, was ich ihm anzubieten habe. Unbedingt. Er weiß es nur noch nicht.“

Deshalb gebe ich Ihnen jetzt ein Mini-Vertriebsset an die Hand. Eine Reihe von Argumenten und Vorgehensweisen, mit denen Sie Ihre Kunden, sprich Kollegen und Chef, davon überzeugen können, dass sie die neuen Spielregeln brauchen. Dass es sich für sie lohnt, Ihre zeitfresserfreie Arbeitsweise zu unterstützen. Und dass es sich noch mehr lohnt, Ihre Methoden für sich selbst zu übernehmen. Das Vertriebsset besteht im Wesentlichen aus drei Multifunktions-Werkzeugen.

1. Werkzeug: What's in it for me?

„Liebe Kollegen und Geschäftspartner,
ab heute werde ich alle Ihre Mails erst ab 18 Uhr beantworten. Auf diese Weise kann ich mich tagsüber auf andere Aufgaben konzentrieren. Der Vorteil für Sie ist, dass ich bis zum Abend alle Informationen beisammen habe, die ich brauche, um Ihre Mail ganz gezielt und auf den Punkt zu beantworten. Sie brauchen nicht Ihre Zeit damit zu vergeuden, dass wir uns täglich fünf Mails hin und her schicken, sondern bekommen den gesamten Inhalt gebündelt. Und es wird nie wieder vorkommen, dass mir eine Mail durch die Lappen geht."

„Leute, das ist doch auch in Eurem Interesse, dass wir das Meeting auf eine Dreiviertelstunde begrenzen! Ihr gewinnt damit mindestens eine halbe Stunde Zeit. Und das ist möglich, wenn wir zuerst die Projektkoordination besprechen und erst zum Schluss, wenn die Zeit noch reicht, die Geschäftszahlen."

„Wenn ich statt einer detaillierten Reisekostenabrechnung einen Pauschalbetrag einreichen darf, spart das der Buchhaltung pro Monat mindestens eine Stunde Arbeit. Wenn das alle machen, summiert sich der Effekt. Gesparte Arbeitszeit ist Bargeld, außerdem kann die Buchhaltung die Monatsabrechnung früher abschließen, die Rechnungen gehen früher raus, unsere Liquidität steigt … die positiven Folgen sind enorm!"

Bevor Sie Ihre Kollegen und Geschäftspartner über Ihre Neuerungen in Kenntnis setzen, versetzen Sie sich erst einmal in deren Position und überlegen sich: Welche Bedürfnisse hat der andere? Und in welcher Weise trägt meine neue Arbeitsweise dazu bei, seine Bedürfnisse zu befriedigen? Das Kernargument ist also, welchen Nutzen er von Ihrer veränderten Arbeitsweise hat. Dieses Argument bringen Sie vor, wenn Sie ihm die Änderung bekanntgeben.

Achten Sie dabei auf die Perspektive Ihres Gegenübers. Den Kollegen werden zunächst die Auswirkungen auf seinen eigenen Arbeitsalltag interessieren und erst dann die Wirkung auf Abteilung und Unternehmen. Ihren Chef können Sie dagegen leicht mit dem Gesamtnutzen fürs Unternehmen überzeugen: eingespartes Geld oder Arbeitszeit, gesteigerte Umsätze, erhöhte Kundenbindung etc. Und bei einem Geschäftspartner argumentieren Sie mit dem Nutzen für ihn persönlich und sein Unternehmen, mit der erhöhten Zuverlässigkeit, bequemeren Zusammenarbeit etc.

Dabei müssen Sie mit Widerständen rechnen. Denn die Arbeitsweisen, die Sie abschaffen wollen, sind ja einmal zu einem bestimmten Zweck eingesetzt worden. Nur haben Sie inzwischen festgestellt, dass der Bürokram diesem Zweck kaum gerecht wird und Ihre neue Arbeitsweise viel zielführender ist. Ihrem Gegenüber ist das vielleicht noch nicht so klar.

Beispiele:

Bürokram: Jedes Kundengespräch wird aufgenommen und anschließend aus der Aufnahme ein Protokoll erstellt.

Ursprünglicher Zweck: Gesprächsführung verbessern, Kundenzufriedenheit steigern.

Tatsächliche Wirkung: Sie sind ständig versucht, das Gespräch möglichst kurz zu halten, damit Sie nachher nicht so viel transkribieren müssen. Der Kunde fühlt sich abgefertigt.

Bessere Methode: Keine Transkription des Gesprächs, sondern kurzes Ergebnisprotokoll.

Bürokram: Die Quartalsrede des CEO anhören müssen, die nur der Eigenbauchpinselei dient.

Ursprünglicher Zweck: Die Mitarbeiter motivieren und auf gemeinsame Ziele einschwören.

Tatsächliche Wirkung: Alle sind genervt und demotiviert.

Bessere Methode: CEO-Quartalsrede abschaffen. Zielfokussierung wird in einem jährlichen Workshop erreicht, bei dem die Mitarbeiter in gewissem Maß mitreden können.

Bürokram: Für die Benzinkostenabrechnung von der Tankstelle gesonderte Quittungen fürs Benzin und für das Päckchen Kaugummi ausstellen lassen.
Ursprünglicher Zweck: Exakte, faire Abrechnung.
Tatsächliche Wirkung: Der Zeitaufwand ist höher als die Kosten für die Kaugummis.
Bessere Lösung: Kilometerpauschale.

Für Ihre Lösung sind Sie eine Ebene höher gesprungen und haben geschaut, welchem Zweck eigentlich der Bürokram dienen sollte. Ihr Gesprächspartner hat möglicherweise noch die Haltung: „Das sind nun mal die Vorschriften!" Er sieht nur den vordergründigen Zweck des Bürokrams. Solange er darin verhaftet ist, werden Sie ihn von Ihrer Lösung nie überzeugen können. Also müssen Sie den Gesprächspartner auf die übergeordnete Lösungsebene holen. Sie könnten z.B. so argumentieren:

„Herr Schaeff, der eigentliche Zweck der Protokolle ist doch, dass die Kunden sich gut beraten fühlen. Ich glaube, das wird besser erreicht, wenn wir uns im Gespräch voll auf den Kunden konzentrieren können und nachher ein Ergebnisprotokoll erstellen."

Meistens hat Ihre Veränderung, so klein sie auch zunächst scheinen mag, eine ganze Kette von Auswirkungen. Spielen Sie die doch in Gedanken durch:

1. Ich gehe ab jetzt zwei Tage pro Woche ins Homeoffice.
2. Ich kann in Ruhe arbeiten und bekomme dadurch schneller Ergebnisse, mit denen meine Kollegen weiterarbeiten können.
3. Meine Kollegen kommen ihrerseits schneller zu Ergebnissen. Vor allem, wenn sie sich ein Beispiel nehmen und auch ab und zu zu Hause arbeiten.
4. Die ganze Abteilung liefert bessere, schnellere und zuverlässigere Ergebnisse. Die Stimmung verbessert sich, weil alle entspannter sind. Die Motivation steigt.

5. Die Umsätze verbessern sich.
6. Der Abteilungsleiter kann Erfolge vorweisen.
7. Das Unternehmen verzeichnet einen höheren Gewinn. Und es hat gute Chancen, zum „Great-Place to Work" gewählt zu werden.

So können Sie das im Prinzip endlos weiterspinnen. Bevor Sie irgendwann bei der Rettung der Weltwirtschaft ankommen, setzen Sie aber vielleicht doch mal einen Punkt, so unterhaltsam und beflügelnd dieses Gedankenspiel auch ist. Als Argumente taugen doch am ehesten die Auswirkungen auf Ihr unmittelbares Umfeld, also die ersten Glieder der Kette. Da ist für jeden etwas dabei. Picken Sie sich das Passende heraus und servieren Sie es Ihren Kollegen, Geschäftspartnern, Chefs usw. auf dem Silbertablett.

Die Reaktion ist eher skeptisch? Ihr Gesprächspartner ist sich nicht sicher, ob Sie gerade das Blaue vom Himmel versprechen oder eine realistische Perspektive angeben? Na, da haben Sie doch das beste Mittel zur Hand, um ihn zu überzeugen!

2. Werkzeug: Erfolg ist das beste Argument

Um Ihr Umfeld vom Nutzen der neuen Vorgehensweise zu überzeugen, haben Sie ein unschlagbares Argument: sich selbst! Machen Sie sich bewusst, dass Sie schon alleine durch Ihr Vorbild wirken! Die Kollegen sehen ja, dass Sie seit Neuestem pünktlich Feierabend machen. Sie merken, dass Sie Ihre Aufgaben jetzt so zuverlässig und schnell erledigen wie noch nie zuvor. Dass der Chef Sie lobend erwähnt. Das spricht Bände. Dadurch werden all die Vorteile, die Sie den Kollegen von der neuen Vorgehensweise versprechen, glaubwürdig.

Falls ein Kollege so sehr mit sich selbst und seinen eigenen Aufgaben beschäftigt ist, dass er die Veränderung bei Ihnen gar nicht mitbekommen hat – oder für diejenigen, die selten mit Ihnen zu tun haben –, können Sie auch noch mal ausdrücklich auf Ihre Erfolge verweisen:

➜ „Mein Schreibtisch ist jetzt leer."
➜ „Ich habe letzte Woche mein Soll erfüllt."
➜ „Diese Vorgehensweise hat sich bewährt."

Das müssen Sie natürlich vorsichtig dosieren. Sonst wirken Sie nicht überzeugend, sondern selbstbeweihräuchernd oder belehrend. Am besten funktioniert die Einladung: „Komm und schau es dir selbst an!"

Von der normativen Kraft des Faktischen hat der Staatsrechtler Georg Jellinek gesprochen und damit gemeint: Was längere Zeit besteht, wird zur Regel. Für Ihr Unternehmen bedeutet das: Als für Sie die Beschäftigung mit Bürokram noch normal war, mussten Sie einige Regeln brechen oder umschreiben, um den Bürokram loszuwerden. Am Montag hatten Sie die normative Kraft des Faktischen noch gegen sich.

Aber jetzt, da Sie die neue, bürokramfreie Arbeitsweise bei sich etabliert haben und schon eine Weile lang erfolgreich damit arbeiten, steht die normative Kraft des Faktischen auf einmal auf Ihrer Seite. Was Sie tun, wird zur neuen Norm. Denn Sie haben bewiesen, dass es funktioniert. Für solche Kollegen und Geschäftspartner, die an stetiger Verbesserung interessiert sind, reicht das bereits aus, um sie zu überzeugen. Bei den anderen haben Sie ein bisschen mehr Arbeit.

3. Werkzeug: Multiplikatoren

Sie wollen Ihre Kollegen und Geschäftspartner mit ins Boot holen, ja. Am besten alle. Das heißt aber nicht, dass Sie alle gleichzeitig über die Bordwand hieven. Das Boot könnte sonst kentern. Übersetzt heißt das: Wenn Sie mit missionarischem Eifer von Bürotür zu Bürotür ziehen, ausgestattet mit den Requisiten Papierkorb, Schredder und Sperrmüllkiste, und Ihre Kollegen mit dem bewährten Spruch „Ich will mit dir über die Abschaffung von Bürokram sprechen" in eine Diskussion über Gut und Böse verwickeln wollen, dann können Sie im Feldexperiment nachvollziehen, wie ein Zeuge Jehovas sich wohl fühlt, wenn ihm mal wieder eine Türe vor der Nase zugeknallt wird. Versuche zur Massenbekehrung stoßen normalerweise nur auf eine Reaktion: Abwehrreflex. Außerdem wollen Sie ja nicht Ihre Zeit mit Missionieren verbringen, sondern einfach bewirken, dass möglichst alle Zeitfresser aus dem Unternehmen verschwinden. Ihre eigenen und die der Kollegen. Mit viel Aufwand auf Breitband-Überzeugungsarbeit zu gehen ist also nicht wirklich sinnvoll.

Deshalb heißt es, taktisch vorzugehen, und das bedeutet: klein und gezielt anfangen. Bei jeder Ihrer Neuerungen sprechen Sie diejenigen an, die davon unmittelbar betroffen sind. So leisten Sie schon ein Stück Überzeugungsarbeit. Im nächsten Schritt suchen Sie sich denjenigen Kollegen, der für Veränderungen am offensten ist. Dem erklären Sie, was Sie hier machen und warum Sie denken, dass ihm die Methode auch was bringen würde. Wenn es Ihnen gelingt, ihn zu überzeugen, sind Sie schon zu zweit. Der Kollege schmeißt seine eigenen Zeitfresser raus, wird ebenfalls von da an mehr Wirkung in kürzerer Zeit erzielen – und so zum Vorbild für den Rest der Mannschaft. Wenn er von der Wirkung so richtig begeistert ist, wird er darüber reden. Und so zum Multiplikator werden, der Ihre Wirkung vervielfältigt.

Auch Ihr Chef kann zum Multiplikator werden. Intelligente Chefs freuen sich über Verbesserungsvorschläge ihrer Mitarbeiter. Wenn Sie den Chef überzeugen, wird er die Ideen weiterverbreiten. Oder zumindest Ihnen die Plattform geben, um sie zu verbreiten. Ihr Chef kann so zu Ihrem wichtigsten Verbündeten im Kampf gegen die Zeitfresser werden. Wie wäre es, wenn Sie ihm mit folgenden Vorschlägen kommen:

- „Herr Schaeff, ich habe einige Ideen, wie wir hier wirkungsvoller arbeiten können. Um diese Ideen den Kollegen nahezubringen, möchte ich ein einstündiges Meeting ansetzen, am besten noch diese Woche. Okay?"
- „Herr Schaeff, können wir hier in der Abteilung nicht die Regel einführen, dass Mails nur noch an die direkten Adressaten gehen und niemand mehr auf cc gesetzt wird?"
- „Herr Schaeff, wie wäre es, wenn einfach alle Kollegen auf Reisen eine pauschale Verpflegungssumme bekommen, statt Restaurantrechnungen und Bäckerei-Kassenzettel einzureichen?"

Ich bin sicher: Wenn Ihr Vorgesetzter nicht gerade ein Vollhorst oder ein Bemühensfan ist, wird er sich über Ihre Initiative freuen und sie gerne unterstützen.

Nicht nur Ihr unmittelbarer Vorgesetzter ist an Verbesserungen interessiert. Die meisten Unternehmen suchen händeringend nach Input ihrer Mitarbeiter. Deswegen gibt es bereits fertige Kanäle dafür: Vom Briefkasten im

Flur über den internen Blog bis hin zum eigens nominierten Verbesserungs-Manager, der alle Mails mit Ideen bekommt und zusammen mit seinem Stab auswertet. Nutzen Sie diese Kanäle! Das Betriebliche Vorschlagswesen, das Interne Wissensmanagement oder wie auch immer das in Ihrem Unternehmen heißt, kann für Sie zum weiteren Multiplikator werden.

Mit diesen drei Werkzeugen – dem Nutzen für Ihr Gegenüber, Ihrem eigenen Erfolg als Beleg und gezielt gewählten Multiplikatoren – starten Sie Ihre Überzeugungsarbeit. Bei manchen Kollegen und Geschäftspartnern wird das als Einladung in Ihr Boot bereits ausreichen. Besonders wenn in Ihrem Unternehmen eine Ergebniskultur herrscht, haben Sie gute Startbedingungen.

KEINE SORGE!

Ihr Chef, Ihre Kollegen und Geschäftspartner sind auch an wirkungsvoller Arbeit interessiert. Deswegen haben Sie gute Startbedingungen.

Allerdings will ich Ihnen nichts vormachen: Es läuft nicht immer wie am Schnürchen! Selbst gute Ideen haben es manchmal schwer, sich durchzusetzen. Das sehen Sie beispielsweise am mp3-Format: Es wurde ab 1983 in Deutschland vom Fraunhofer-Institut entwickelt; 1995 war das Format endlich funktionstüchtig und standardisiert. 1999 kam dann in Deutschland der erste mp3-Player auf den Markt – und wurde kaum beachtet. Erst als Apple 2001 mit seinem iPod herauskam, begann der Siegeszug der neuen Technik. Solche Beispiele gibt es viele. Einfach deswegen, weil Veränderungen anstrengend sind. Da gibt es mitunter eine ganz schöne Trägheit zu überwinden.

Wenn Sie auf Widerstand stoßen, dann haben Sie die zweite Klippe vor sich.

Zweite Klippe: Die Anti-Haltung der anderen

Gewohnheiten zu überwinden bedeutet: passiven Widerstand gegen Neuerungen überwinden zu müssen. Eine Anti-Haltung ist eine Nummer härter drauf – hier geht es um aktiven Widerstand.

Wenn Sie Pech haben, bekommen Sie auf Ihre Überzeugungsversuche lauter Reaktionen, mit denen Sie nichts anfangen können – außer Bullshit-Bingo damit zu spielen. Kennen Sie, oder? Falls Sie zu den wenigen Glücklichen gehören, in deren Unternehmen keine leeren Phrasen gedroschen werden und die deshalb noch nie von Bullshit-Bingo gehört haben, sind hier noch mal die Spielregeln.

Bullshit-Bingo-Spielanleitung

Kopieren Sie sich das unten stehende Spielfeld. Wenn Sie eine der Äußerungen hören, die dort stehen, kreuzen Sie sie ab. Sobald Sie eine Reihe oder Spalte voll haben, rufen Sie laut „Bullshit!" und weiden sich an der überraschten Reaktion Ihres Gegenübers.

Hamwa schon mal versucht, hat nicht geklappt.	Das mag ja bei Ihnen funktionieren, aber bei uns sind die Umstände anders.	Bei dem, was wir haben, wissen wir, woran wir sind.	Hört sich ja spannend an, aber ...
Die Konzernleitung hat aber vorgegeben ...	Ich kann doch nicht von meinen Geschäftspartnern so eine Umstellung verlangen.	Nicht schlecht. Da sollte mal jemand einen Plan ausarbeiten.	Das bringt vielleicht im Moment einen Vorteil, aber auf Dauer ist es fatal.
Da sollten wir irgendwann noch mal drüber reden, jetzt habe ich keine Zeit.	Das kriegen wir nie durch!	Das widerspricht sämtlichen Regeln.	Und was bitteschön soll das bringen?
Gute Idee, aber haste mal überlegt, was das kostet?	Bin dagegen!	Wo kämen wir denn da hin?	Das haben wir noch nie gemacht.

Okay, ich gebe zu: Der Vorschlag, Bingo zu spielen, ist nicht ganz ernst gemeint, sondern dient dazu, dass Sie die Abwehrhaltung Ihrer Kollegen lockerer nehmen können. Dass Sie keinen Migräneanfall bekommen, wenn Sie zum x-ten Mal einen Spruch wie „Das ist doch nur Schnickschnack!" hören, sondern innerlich darüber schmunzeln können. Tatsächlich „Bullshit!" zu rufen, davon rate ich sogar ab. Dringend! Denn das wäre der sicherste Weg, um Ihr Gegenüber in seiner Blockadehaltung zu bestätigen. Sie wollen es ja nicht bloßstellen, sondern überzeugen. Das schaffen Sie nur, indem Sie konstruktiv bleiben.

Um Ihre Kollegen, Geschäftspartner oder Ihren Chef in einer konstruktiven Diskussion zu überzeugen, haben Sie drei Raketen-Zündstufen zur Verfügung. Manche Menschen können Sie schon mit der ersten Stufe überzeugen. Wenn das nicht klappt, zünden Sie die zweite Stufe, und falls die immer noch nicht ausreicht, die dritte.

1. Raketenstufe: Pessimisten-Panzer brechen

Ich gebe zu: Anti-Haltung regt mich tierisch auf. Leute, die grundsätzlich dagegen sind, egal worum es geht, rauben mir den letzten Nerv. Am liebsten würde ich … Nein. Stopp! So komme ich nicht weiter.

Um selbst aus der Konfrontationshaltung herauszufinden, hilft nur eins: dass Sie sich in die Position Ihres Gegenübers versetzen. Fragen Sie sich vor allem: Woher kommt sein Widerstand? Welche Ängste, Wünsche, Bedürfnisse stecken dahinter? Denn hinter einer negativen Formulierung steckt oft ein heimlicher Wunsch. Ein Wunsch, an den Ihr Gesprächspartner schon lange nicht mehr glaubt. Er hat zu viele negative Erfahrungen gemacht und will nicht noch mal enttäuscht werden. Deswegen schützt er sich mit einem dicken Panzer aus Sarkasmus und Ablehnung. Büros sind Brutplätze für Pessimisten.

Auch wenn Ihr Kollege selbst sich dessen gar nicht mehr bewusst ist, dass er mal Wünsche hatte: Sie können ihm helfen, seinen Panzer aufzubrechen. Sie können ihn anregen, seine Problembrille abzusetzen und stattdessen die Chancenbrille aufzusetzen. Dazu müssen zuerst Sie selbst diesen Wechsel vollziehen. Drehen Sie seine Sätze einfach mal um. Nicht in ihr Gegenteil, sondern von der negativen Formulierung in eine positive.

Schutzpanzer-Satz	Wunsch dahinter
Das funktioniert nicht.	Ich hätte gerne, dass es funktioniert.
Wer soll das bezahlen?	Das ist ein Luxus, den ich mir gerne leisten würde.
Davon kann ich meine Geschäftspartner nie überzeugen.	Ich wünsche mir von meinen Geschäftspartnern mehr Flexibilität.
Das ist zu riskant.	Ich brauche Sicherheit und will nicht für Fehler verantwortlich sein.
„Die da oben“ werden sicher nicht zustimmen.	Ich möchte auch mal was selbst entscheiden.

Auf diese Weise finden Sie die eigentlichen Bedürfnisse Ihres Gegenübers heraus. Und können damit argumentieren. Nehmen Sie also die Ängste und Einwände ernst, auch wenn sie Ihnen noch so absurd vorkommen. Gehen Sie im Gespräch darauf ein. Dann kommen Sie auf der Beziehungsebene viel weiter; Sie schaffen erst mal Vertrauen. Wenn Sie das haben, können Sie weitermachen wie bei der Überwindung der ersten Klippe: Sie überlegen, wie Ihre Lösung dazu beiträgt, diese Bedürfnisse zu befriedigen, und nutzen das als Argument.

Falls Sie damit nicht weiterkommen, zünden Sie Ihre zweite Raketenstufe.

2. Raketenstufe: Das Baby zur Adoption freigeben!

Ich weiß ja nicht, wie das bei Ihnen ist, aber ich persönlich setze viel lieber meine eigenen Ideen um als die anderer Leute. Wenn ich etwas selbst entwickelt habe und dann selbst verwirkliche, dann ist das mein Baby. Das pflege ich sorgfältig. Da tüftle und bastle ich, um das Optimum rauszuholen. Und wenn die Umsetzung dann klappt und Früchte trägt, bin ich stolz wie Oskar.

Jede Wette: Das geht nicht nur mir so. Das Bedürfnis, selbst schöpferisch tätig zu sein, ist in jedem Menschen angelegt. Und das können Sie nutzen, um Ihre Änderungsvorschläge an den Mann und an die Frau zu bekommen. Geben Sie Ihr Baby zur Adoption frei und machen Sie es zum Baby Ihres Gesprächspartners!

Das geht, indem Sie das Gespräch auf das Bürokram-Problem bringen, das Sie Ihrem Kollegen lösen helfen wollen. Da ihn dieses Problem schon viel Zeit und Nerven gekostet hat, wird er sicher auf das Gesprächsthema einsteigen. Vielleicht wird er auch erzählen, was er schon alles unternommen hat, um diesen Zeitfresser loszuwerden. Das ist Ihre Steilvorlage!

Sie haben ja bereits für sich eine Lösung für dieses Problem entwickelt. Die spielen Sie jetzt Ihrem Gesprächspartner zu. Aber drücken Sie sie ihm nicht einfach als Gesamtpaket in die Hand, nach dem Motto „Take it or leave it". Sie reißen Ihre Lösung nur an. Sie zu Ende zu denken und ihre konkrete Umsetzung zu überlegen überlassen Sie Ihrem Gesprächspartner. Damit erreichen Sie zwei positive Effekte: Es ist nicht mehr Ihre Lösung, sondern seine, die er auf Ihre Anregung hin entwickelt hat. Sie wird zu seinem Baby. Mit entsprechend viel Überzeugung und Begeisterung kann er sich an die Umsetzung machen.

Ein billiger Trick? Eine Verkaufsmasche? Nicht wirklich. Denn Sie geben Ihrem Gesprächspartner ja nicht vor, in welche Richtung er die Lösung weiterentwickeln soll. Sie veranstalten kein Malen nach Zahlen mit ihm, sondern lassen ihm Freiraum für seine eigene Kreativität. Wer weiß, vielleicht kommt er ja auf eine Lösung, die Ihnen selbst nie eingefallen wäre? Vielleicht entwickelt er Ihren Ansatz so weiter, dass Sie sagen: „Wow, das ist toll, das übernehme ich jetzt auch!" Sie haben davon also genauso viel wie Ihr Gesprächspartner. Denn zwei Menschen, die zusammen an einer Idee weiterspinnen, kommen auf ganz andere und neue Lösungen als jeder einzelne von ihnen. Das ist der zweite positive Effekt dieser Strategie.

Falls Sie damit immer noch auf Widerstände stoßen, zünden Sie die dritte Raketenstufe.

3. Raketenstufe: Das Probeabo

Sie haben geschickt mit den Wünschen und Ängsten Ihres Gesprächspartners argumentiert, Sie haben die Lösung aufblitzen lassen und darauf gewartet, dass er sie selbst weiterentwickelt – aber da kam nichts? Nur ein „Das klappt doch eh nicht!"

Dann wird es jetzt Zeit für die dritte Raketenstufe. Sie bieten einen Kompromiss an, und zwar: Die Neuerung mal unverbindlich auszuprobieren.

- Erst mal einen Tag pro Woche Homeoffice und nach einem Monat schauen, was dabei herausgekommen ist
- Beim nächsten Meeting die Sprechzeitbegrenzung auf drei Minuten mal ausprobieren und das als Spiel gestalten: Wer kann seine Inhalte am kürzesten auf den Punkt bringen?
- Statt Frühlings-Fastenkur die „Zwei Wochen ohne cc-Mails“ in der Abteilung ausrufen
- Einen Preis für das kürzeste Kundengesprächsprotokoll der Woche ausloben

Das gibt dem Ganzen etwas Spielerisches, Unverbindliches und senkt die Hemmschwelle. Das Attraktive dabei ist: Ausprobieren ist kein großer Aufwand – und Nein sagen kann man dann immer noch. Denken Ihre Kollegen, denkt Ihr Chef.

Tatsächlich ist das Ausprobieren viel verbindlicher, als viele Menschen meinen. Wenn Sie sich von einem Autoverkäufer zu einer unverbindlichen Probefahrt überreden lassen, steigt die Wahrscheinlichkeit sprunghaft, dass Sie das Auto auch kaufen. Sie haben eine Vorleistung erhalten und fühlen sich halb verpflichtet, dafür zu sorgen, dass sich diese Investition für den anderen lohnt. Dieser Effekt wirkt wie ein ungeschriebenes Gesetz. Wer an der Käsetheke oder beim Antipasti-Stand auf dem Markt das Sortiment durchprobiert und dann einfach „Nein, danke!“ sagt und geht, der ist entweder ziemlich unverschämt oder das Angebot war wirklich unter aller Kanone.

Aber Sie wissen ja: Was Sie anzubieten haben, ist nicht unter aller Kanone, sondern im Gegenteil eine echte Verbesserung. Die Chancen, dass Ihre Kollegen, Ihren Chef, Ihre Geschäftspartner nach Ende der Probezeit mit der neuen Arbeitsweise weitermachen, stehen daher gut. Und zwar nicht aus einem Verpflichtungsgefühl, sondern aus echter Überzeugung.

Mit diesen drei Raketenstufen können Sie praktisch jede Anti-Haltung überwinden und Ihr Umfeld vom Sinn und Nutzen des Bürokram-Ausrottens überzeugen. Allerdings gibt es eine Ausnahme, bei der die oben geschilderten Raketenstufen nicht funktionieren. Dafür eine andere Taktik.

Kampf gegen die Killer-Wattebäuschchen

Der wird nötig, wenn Ihre Kollegen oder die Führungskräfte in Ihrem Unternehmen ihre Anti-Haltung nicht direkt zeigen, sondern in Zuckerwatte verpacken. Mit scheinbarer Zustimmung, ja sogar geheuchelter Begeisterung lassen sie Ihre Argumente und Ihre Initiative nicht gegen eine Wand laufen, sondern gegen einen Wattebausch. Das tut vielleicht weniger weh, aber ausgebremst werden Sie genauso.

Solche Wattebäusche können sein:

- „Danke für Ihr Feedback. Das hilft uns, besser zu werden."
- „Fantastisch! Endlich ein Mitarbeiter, der das große Ganze im Blick hat!"
- „Wir werden Ihre Idee an die Geschäftsleitung in den USA weitergeben."
- „Bei unserer nächsten Strukturreform werden wir Ihre Vorschläge mitberücksichtigen."

Kurz: Trotz der scheinbaren Zustimmung haben Ihre Führungskräfte oder Kollegen keinerlei Absicht, Ihre Vorschläge in die Tat umzusetzen. Diese Zuckerwatte-Anti-Haltung erkennen Sie an den unverbindlichen Formulierungen und dem aufgesetzten Lächeln. Wenn Ihr Gegenüber gut schauspielern kann, erkennen Sie dies leider erst spät: wenn nämlich nach Ihrem Vorstoß wochen- oder monatelang nichts passiert. Das Fiese: Gegen Wattebäusche hilft Argumentieren wenig. Denn sobald Sie wieder mit dem Thema anfangen, heißt es: „Ja, ja, wir haben ja schon gesagt, dass wir das gut finden!" Wie ein Fechter, der Ihnen elegant ausweicht und Sie an sich vorbeilaufen lässt, gibt Ihnen Ihr Gegenüber keinen Angriffspunkt. Die einzige Chance, die Sie in so einer Situation haben: Die Verantwortlichen festnageln. „Was genau passiert mit meinem Vorschlag? Bis wann? Wer macht das?" Wenn Sie keine konkrete Antwort bekommen, ist das Ihre Chance – dann können Sie selbst Vorschläge machen. Und anbieten, für deren Umsetzung zu sorgen. Vielleicht ist Ihr Gegenüber darüber ja sogar froh. Hinter der Wattebausch-Strategie steckt oft nichts weiter als Faulheit.

Die andere Möglichkeit ist, dass sich dahinter echte Vorbehalte verbergen, die aus Höflichkeit oder aus Unlust an einer Diskussion nicht ausgesprochen werden. Versteckte Vorbehalte erkennen Sie daran, dass Ihr Angebot, die Idee selbst umzusetzen, abgebogen wird. Wenn das passiert, hilft nur noch eins: Sie müssen auf die Meta-Ebene gehen und das Gesprächsverhalten Ihres Gegenübers thematisieren. „Ich habe den Eindruck, dass Sie noch Vorbehalte gegen die Idee haben, kann das sein? Was sind denn Ihre Einwände?“ Auf diese Weise können Sie den Widerstand, der sich in der Zuckerwatte verbirgt, herausschälen und direkt damit umgehen.

KEINE SORGE!
Widerstand gegen Ihre Verbesserungsvorschläge entsteht meist nicht aus Boshaftigkeit, sondern aus Frustration, Faulheit oder verborgenen Ängsten. Alle drei können Sie überwinden.

Dritte Klippe: Ungeklärte Erwartungshaltungen

So, jetzt haben Sie Ihre Kollegen, Ihren Chef, Ihre Geschäftspartner dazu gebracht, dass die Ihre Bürokram-Ausmistungsaktion mittragen, ja besser noch: dass sie selbst mit dem Ausmisten anfangen. Gratuliere!

Ich wünschte, ich könnte Ihnen sagen, dass jetzt alles in Butter ist. Könnte ich auch beinahe, aber leider noch nicht ganz. Denn ein Risiko besteht noch: Wenn sich Ihr Chef, Ihre Kollegen oder Geschäftspartner von den Maßnahmen das Falsche versprechen, dann ist die Enttäuschung vorprogrammiert. Möglicherweise wird dann das Veränderungsprojekt, das schon auf dem besten Weg war, wieder gecancelt. Schade!

Vermeiden können Sie dies, indem Sie von Anfang an die Erwartungshaltungen klären. Zwar haben Sie bei Ihrem Werben für das Projekt schon so gut wie möglich beschrieben, welchen Nutzen jeder Stakeholder davon erwarten kann. Trotzdem ist es möglich, dass Sie missverstanden werden. Konkrete Zahlen konnten Sie vielleicht noch nicht nennen, weil Sie selbst noch keine Erfahrungswerte für die Anwendung Ihrer Problemlösung in so großem Maßstab haben. Unter „deutlicher Verbesserung“ stellt sich jeder etwas anderes vor. Das braucht Kommunikation!

Also: Am Ende des Gesprächs, in dem Sie Ihre Idee vorgestellt oder zusammen mit dem Team die Lösung aus Ihrer Grundidee entwickelt haben, fragen Sie jeden Einzelnen, welche Wirkung er von der Maßnahme erwartet. Diese Erwartungen können in zwei Richtungen danebenliegen:

a) der Betreffende verspricht sich Erlösung von sämtlichen Büroproblemen;

b) er sieht vor allem die Schwierigkeiten, die mit der Umstellung verbunden sind.

Kurz: Die Erwartungen können zu hoch oder zu tief angesetzt sein.

Wie können Sie dem entgegenwirken, wenn Sie selbst noch nicht ganz genau wissen, wie der Ansatz in genau dieser Gruppe unter genau diesen Umständen wirken wird?

Die Antwort ist: Indem Sie nicht zu viel versprechen, sondern nur das, wovon Sie sicher sind, dass es eintrifft. Sie stapeln weder zu tief noch zu hoch, sondern realistisch. Vermeiden Sie dabei konkrete Zahlen- oder Zeitangaben – die verführen nur dazu, das Projekt als gescheitert anzusehen, wenn das Ergebnis auch nur ein paar Stunden oder ein paar Prozent danebenliegt. Was können Sie Ihrem Umfeld also zuverlässig versprechen?

Hier ein Beispiel, wie Sie es besser nicht machen:

„Es wird nicht einfach werden, wir brauchen einiges Durchhaltevermögen, bis wir das wirklich umgesetzt haben. Es wird dauern, bis es klappt. Ich verspreche euch keine Wunder für morgen. Aber eins verspreche ich euch: Es lohnt sich. Wenn wir durchhalten, dann werden wir das Problem endgültig lösen. Das wird ein ganz anderes Arbeiten möglich machen!"

Klingt wie eine Politikerrede, oder? Jetzt wissen Sie immerhin, wie die zustande kommen: Politiker müssen ein breites Publikum mit ganz unterschiedlichen Erwartungshaltungen ansprechen. Und weil viele unvorhersehbare Faktoren das Ergebnis ihrer Arbeit beeinflussen, müssen sie vage bleiben.

Im Ernst: Ich kann Ihnen hier unmöglich Vorschläge machen, was Sie Ihren Kollegen versprechen können und was nicht. Denn ich kenne weder Ihr Problem genau noch die Situation in Ihrem Unternehmen. Aber Sie kennen beides, deswegen können Sie konkret werden. Sie können ziemlich präzise schildern, was sich die Adressaten von der Veränderung realistischerweise erwarten können. Allerdings rate ich Ihnen von der Nennung genauer Daten und Zahlen ab, denn sonst wird jedes Ergebnis, das auch nur einen Tag oder einen Euro neben Ihrer Schätzung liegt, als Scheitern gewertet.

Indem Sie die Erwartungshaltungen klären, legen Sie das Fundament dafür, dass Ihre Mitstreiter nicht bei den ersten Schwierigkeiten gleich wieder zurückrudern. Mit anderen Worten: Sie sorgen dafür, dass nicht nur alle im selben Boot sitzen, sondern auch gemeinsam in die gleiche Richtung rudern.

Nun ja, fast alle.

Vierte Klippe: Die, die nichts Gutes mehr erwarten

Außer den Wattebäuschchen-Werfern gibt es im Unternehmen noch eine zweite Gattung, die Sie mit Argumenten kaum bewegen können. Das sind diejenigen, bei denen sich der Sarkasmus schon so tief in die Seele gefressen hat, dass er zum Teil der Persönlichkeit geworden ist. 30 Jahre Frustration im Konzern haben diese Menschen vergessen lassen, dass sie sich überhaupt jemals eine bessere Arbeitsweise gewünscht haben. Sie schwimmen im eiskalten Ozean, halten sich mit Mühe und Not über Wasser und fluchen über den Reiseveranstalter, der ihnen das Ganze als Badeurlaub verkauft hat. Aber aus dem Wasser klettern wollen sie nicht, denn sonst hätten sie nichts mehr zu schimpfen.

Solche Leute können Sie um nichts in der Welt dazu bringen, Ihre bürokramfreie Arbeitsweise auch nur auszuprobieren. Sie wollen lieber nach Hause schwimmen als mit ins Boot zu steigen. Selbst wenn Sie sie mit Gewalt über die Bordwand hieven, nutzen sie die erste Gelegenheit, um wieder ins Wasser zu springen.

Mag sein, dass sie sich später doch noch überzeugen lassen, wenn die ganze Abteilung den Bürokram abgeschafft hat und sie sehen, dass es wirklich funktioniert. Nachdem sie monate- und jahrelang neben Ihrem Boot im Hundepaddelstil hergeschwommen sind, beschließen diese Leute dann vielleicht doch noch, mit einzusteigen. Wenn nicht – nun ja. Kann man nichts machen.

Die gute Nachricht ist: Sie brauchen diese Menschen gar nicht unbedingt mit ins Boot zu holen. Wäre schön gewesen, aber wenn es nicht geht, brauchen Sie sich deswegen keine grauen Haare wachsen zu lassen. Jedenfalls nicht mehr, als Sie eh schon haben.

KEINE SORGE!
Sie sind nicht für alles verantwortlich.

Was Sie Ihren Kollegen und Geschäftspartnern machen, ist ein Angebot, nichts weiter. Ob die es annehmen, ist ihre Sache.

Schwieriger wird es, wenn es nicht der eine Querulant in der Abteilung ist, der nicht mit ins Boot steigen will. Sondern Ihr Chef. Wenn Sie Ihren Vorgesetzten partout nicht von Ihren Neuerungen überzeugen können, dann bedeutet das im Endeffekt: Sie selbst können sie auch nicht umsetzen. Das ist extrem ärgerlich.

Aber Moment mal! Ihr Chef ist doch für die Ergebnisse der Abteilung verantwortlich. Wie kann es da sein, dass er eine Neuerung ablehnt, die die Ergebnisse verbessern würde?

Das kann zwei Gründe haben. Die eine Möglichkeit ist: Es ist Ihnen nicht gelungen, den Chef von der Wirksamkeit dieser Maßnahmen zu überzeugen. Kann passieren. Vielleicht haben Sie es mit einer besonders harten Nuss zu tun. Wenn Ihre Stärke eher nicht darin besteht, andere Menschen zu überzeugen, dann ist es für Sie vielleicht einfach zu schwierig, diese Nuss zu knacken. Nicht jeder ist ein geborener Verkäufer! Zum Glück müssen Sie sich ja nicht nur auf Ihr eigenes Verkaufstalent verlassen. Ihr Chef ist eine harte Nuss – aber unter Ihren Kollegen sind vielleicht welche, die offener für Veränderungen sind und die Sie bereits überzeugt haben. Vielleicht verfügt einer dieser Mitstreiter über die nötigen Verkäuferfähigkeiten, um Ihren Chef zu überzeugen? Einen Versuch ist es auf alle Fälle wert.

Der zweite mögliche Grund ist: Sie arbeiten in einem Unternehmen, dessen Nährboden aus purer Bemühenskultur besteht. Darin kann überhaupt nur Bürokram gedeihen. Es herrscht die Mentalität, die in Witzen den Behörden zugeschrieben wird – wer sich zuerst bewegt, hat verloren. Keine Chance, hier mit dem Argument von besseren und schnelleren Ergebnissen irgendetwas zu erreichen.

Dann wird es Zeit, dass Sie sich fragen: Will ich das auf Dauer mitmachen? Vielleicht sind Sie ja bereit, ein gewisses Maß an Bürokram zu ertragen, weil der Job in der anderen Waagschale einige positive Aspekte aufzuweisen hat:

- grundsätzlich sinnvolles und erfüllendes Betätigungsfeld
- nette Kollegen
- angenehme Entfernung von zu Hause
- gute Bezahlung
- …

Wobei ich den letzten Punkt bezweifle, weil meiner Erfahrung nach die Gehälter in Bemühenskulturen tendenziell niedriger sind als in Ergebniskulturen. Aber vielleicht bildet Ihr Unternehmen ja da die Ausnahme und zahlt Ihnen Schmerzensgeld für all den Bürokram, den es Ihnen aufdrückt.

Was auch immer es ist, was Sie an Ihrem Job attraktiv finden – Sie müssen sich überlegen: Wiegt es die Nachteile auf, die der nervtötende, zeitfressende, unbefriedigende Bürokram Ihnen bringt?

Bleiben wir realistisch: Sie können das Unternehmen nicht in seiner Grundstruktur verändern. Zumindest nicht auf einen Schlag! Sie können nur entscheiden, ob Sie mit dieser Grundstruktur leben können. Und ob Ihnen die kleinen Schritte der Veränderung, die Sie trotz allem Widerstand machen und bei anderen auslösen können, ausreichen. Wenn nicht, ist es an der Zeit, die Konsequenzen zu ziehen. Und sich zu verabschieden. Einen besseren Job finden Sie mit Ihrem Engagement und Ihrem Willen zum guten Ergebnis allemal!

Feierabend - ab ins Wochenende

Heute sind Sie vom Einzelkämpfer gegen Bürokram zum Leiter der Rettungstruppe geworden. Sie haben sich klargemacht, welche Auswirkungen Ihre neue Arbeitsweise auf Ihr Umfeld hat. Sie wissen, dass Sie die Unterstützung der anderen brauchen. Aber Sie sind auch zuversichtlich, Ihrem Umfeld auch größere Freiheit und Wirksamkeit verschaffen zu können, wenn Sie es überzeugen, ebenfalls mit dem Bürokram Schluss zu machen. Daher haben Sie Ihren Chef, Ihre Kollegen und Geschäftspartner mit ins Boot geholt. Auf diese Weise breitet sich der positive Effekt im ganzen Unternehmen aus – und auf dessen Geschäftspartner.

Dabei haben Sie vier Klippen überwunden:

1. Sie haben Ihr Umfeld von der neuen Arbeitsweise überzeugt. Dazu haben Sie:
   - den Nutzen für die anderen aufgezeigt,
   - Ihren eigenen Erfolg als Beleg verwendet,
   - Multiplikatoren eingesetzt.
2. Sie haben Widerstände überwunden. Das ist Ihnen gelungen, indem Sie
   - den Wunsch hinter der Verweigerungshaltung erkannt,
   - Ihr Baby zur Adoption freigegeben und
   - ein unverbindliches Probeabo für die Verbesserung angeboten haben.

   Als Zustimmung verkappten Widerstand haben Sie entschärft, indem Sie
   - auf konkrete Termine und Pläne zur Umsetzung gedrängt und
   - verborgene Vorbehalte ans Licht geholt haben.
3. Sie haben falsche Erwartungshaltungen ausgeräumt.
4. Sie haben akzeptiert, dass Sie manche Leute nicht mitnehmen können. Und Sie haben die Grenzlinie gezogen, wie viel Bürokram Sie zur Not noch ertragen – und wann Sie gehen.

Über verschiedene Punkte brauchen Sie sich keine Sorgen zu machen:

➔ Es kostet Ihr Umfeld zwar etwas Aufwand, sich auf die neue Arbeitsweise einzulassen. Aber Sie wissen: Der Aufwand lohnt sich für alle.

➔ Ihr Chef, Ihre Kollegen und Geschäftspartner sind auch an wirkungsvoller Arbeit interessiert. Deswegen haben Sie gute Startbedingungen.

➔ Widerstand gegen Ihre Verbesserungsvorschläge entsteht meist nicht aus Boshaftigkeit, sondern aus Frustration, Faulheit oder verborgenen Ängsten. Alle drei können Sie überwinden.

➔ Sie sind nicht für alles verantwortlich.

Jetzt bleibt mir nur noch zu sagen: Genießen Sie Ihren gewonnenen Freiraum und Ihre neue Wirksamkeit! Und vor allem: Schönes Wochenende!